U0015736

預約。幸福溫度

修訂版

小小孩的 12 堂
生活廚房課

曾雅盈——著

張凱因——插畫

【推薦序】

何其有幸。

諾瓦中小學暨幼兒園創辦人、董事長 蘇偉馨

> 原來，為家人準備一餐飯，可以這樣簡單。
> 原來，親子間的互動，可以延伸至廚房。
> 原來，幸福可以隨手可得。

當年紀越增，好朋友的相識時間也動輒十年起跳，以我五湖四海的個性，確實可以說相識滿天下，而「雅盈」卻是我相識滿天下中最特別的朋友。

我和她認識至今近二十個年頭了，因為工作的關係，這些年來幾乎朝夕相處，有福同享、有難同當，在「創業維艱」的過程裡，我與她有著不可動搖的信任。人說朋友相處需要十足默契，我與雅盈卻沒有一丁點兒的默契，這從未存在的「默契」也成了我們之間最重要的相互包容。

雅盈對於「美」的事物有獨特的天賦，居家室內設計、美食料理、烘焙、種植等，應該說在生活中無處不美，每一樣事物經過她的巧手，都會有令人驚艷的

質感與特別。氣質與靈性是雅盈與生俱來的特質，而不造作、樸實更是令人敬佩的純淨之美。

拜雅盈出書之賜，在觀察拍照過程中，二歲至六歲的孩子互動模式，超乎我對幼兒發展的認知。在雅盈的引領下，所有的食物對小孩來說，都變成了天香美味，無論是幾歲的小孩，都興奮地嘗試各樣食材。從逛菜市場的新奇到整理食材、切洗料理，在雅盈對料理的獨到經驗裡，每一個小孩都開心且認真的參與學習。

在協助拍照時發現，有時候小孩流了口水、有時候圍裙或衣衫不整，但雅盈堅持在她的書裡面，就是要「真實的存在」。她說：「我的書要呈現的是真實

的生活，而不是完美的照片。希望每一個做媽媽的都能用最簡單的方式，和自己的孩子一起將每日必需的三餐，變成幸福的時光。」

她的書裡，沒有虛幻的美麗、沒有精細的計算，每一道料理卻都能讓人垂涎三尺，食指大動。令人驚訝的不止於此，雅盈最厲害的是高度的效率，她總能在最短的時間內變出滿桌的佳肴，每一餐都成了我們期待的幸福。

還記得有一回，我和雅盈說：「今天真想吃野薑花粽。」她抬頭看了牆上的時鐘，下午五點十分，她說：「好吧！」在完全沒有準備的情況下，她摘了院子裡的野薑花葉，炒了糯米飯，短短的時間內一串香噴噴的粽子就出爐了。在料理的方面，她總是像魔術師一樣，隨時能變出令人讚不絕口的美食。

雅盈要出書了，相處共事多年，為她寫推薦序是我義不容辭的事情。熟識的程度不是問題，文筆不是問題，其關於親子或料理的小故事更是不勝枚舉，但我確實思考了許久，遲遲未動筆。我該用什麼樣的文句才能將這樣的一個人忠實呈現呢？

雅盈在大學時期就與餐飲結下不解之緣，卻誤打誤撞地進了教育界。在我與雅盈共創諾瓦兒童創意學校之時，她正值三十而立的階段，這十多年的相處，我竟未曾看見過她發怒，更未曾聽聞過她一句意氣之言、誇大之語。她總是動靜得宜、進退有據，對許多難解之事，總有她山不轉路轉的智慧。由她信手捻來，都是巧思。

我常堅持許多事情，但在雅盈簡短的字句中，卻總能找到轉圜的餘地。和她相處在一起，無論多久，都絕不可能發生促膝長談這回事兒。她的話少、情緒起伏幾乎呈直線狀態，不與人爭、不與人計較，這著實符合了老子所說的，上善若水。

行筆至此，我想引用老子所言：

大成若缺，其用不弊；
大盈弱冲，其用不窮。
大直若曲、大巧若拙、大辯若訥。
靜勝躁，寒勝熱，清靜為天下正。

這言簡意賅的字句，最能貼切形容我此生最好的朋友——雅盈。人生路上，我常想著自己何德何能？能擁有這樣善良寬容且智慧的夥伴？在下筆為文之前，許多往事一一浮現，從她第一次和學校二歲小女孩變成好朋友開始，到現在落落大方和家長面對面的侃侃而談，這一切的經歷和變化，是她自我鞭策、不斷努力後的結果。認真的女人，真是非她莫屬了。

在腳步急促的年代裡，以隨手可得的簡單料理增加親子互動，創造出幸福的晚餐，是現代家庭主婦求之不得的事情。如今，這一本出自於雅盈之手的好書，每張照片甚至不需要文字敘述，都能貼切傳神的傳遞著雅盈的天賦美感，簡單的文字藏有幸福的泉源，我相信讀這本書時，在字裡行間、在孩子的眼神和笑容中，大家一定會開始回憶起小時候媽媽煮菜的樣貌，更懷念起想當年一家人共進晚餐的歡樂時光。

闔上《預約。幸福溫度》這本書，突然發現……
原來，
為家人準備一餐飯，可以這樣簡單。
原來，
親子間的互動，可以延伸至廚房。
原來，
幸福可以隨手可得。

這將是我珍藏一生的好書。

【推薦序】

在放手的地方，看見孩子的能力

輔仁大學兒童與家庭學系副教授 蘇雪玉

> 大頑童與小小幼兒互動的甜蜜身影：
> 大手牽小手——緩步踏；
> 「沒關係，試試看」——娓娓說。

大人與幼兒，父母與幼兒，老師與幼兒之間，是朋友？是親密玩伴？是探險夥伴？是師生？……

二歲幼兒可以如此學習嗎？有人提出質疑。

多年來的幼教工作經驗告訴我，在大人的引導下，孩子「當然」可以如此學習。我常說「在你放手的地方，看到孩子的能力」，這一放一握之間，隱含著多少大人對幼兒的愛和期待。

雅盈在書裡面的親身示範給了我們答案，她以輕鬆自在的態度娓娓道來，在每一小段加上小小的叮嚀，字裡行間不著痕跡，卻處處看到她對幼兒細膩的觀察，也讓我們看到她獨特且令人激賞的幼兒教育哲學。

從媽媽買菜的菜市場，家中被嚴禁出入的廚房，不可隨意碰觸的食物和切菜的小刀、鍋碗瓢盆、廚具、電鍋、瓦斯爐、烤箱等，到阿嬤的智慧、文化的傳承，三代之間的互動，帶小小孩到戶外尋找可煮食的野菜，在外就地野餐，享受自然的天空和涼風……雅盈讓它們一一成為孩子成長學習中既期待又快樂的事。

同時，雅盈也將家庭、學校和社區緊密地融入在幼兒的生活和學習當中，讓準備三餐不再只是媽媽或爸爸不得不的責任和工作，大人與孩子可以像這樣輕鬆自在的互動，在聊天中、在遊戲角色扮演中玩在一起。

雅盈的書中充滿成人對幼兒邀請式的

對話、鼓勵、支持和讚嘆的回應，特別讓我心動和感動：

「想要試試看嗎？」

「手會黏黏沒關係，等下洗過就不會黏了。」

「沒關係，試試看。」

「沒關係，吃吃看。」

「哇！做得好美。」

「對，就這樣。」

「一起找找看。」

「有點辣嗎？沒關係，喝口水，不吃就好了。」

……

雅盈在書裡面與幼兒的互動，句句顯露出對幼兒的尊重、細心、耐心地用孩子可以理解的話語娓娓道來，認真講解、示範，沒有批判、比較的眼光，對幼兒展現出充分信任的期待。

記得多年前，雅盈曾回到系上問我有關創設幼兒園的事，如今諾瓦幼兒園已展現出它的卓越特色。雅盈和我都是輔大家政系畢業的學生，我是她的學姐，也是她大學時的老師；我當年主修營養，如今投入幼兒教育，雅盈當年主修餐飲管理，如今從事幼兒教育。家政系以家庭為基礎的全人教育的內涵，造就了雅盈全方位的兒童與家庭觀點，開放的態度、愛與溫暖的情懷。

看完雅盈的書，我只有深深的感動和讚嘆，好希望大家跟我一樣來享受書中的點點滴滴，一起帶著尊敬和驚嘆的心發現我們的孩子。

【推薦序】

從吃開始的親子時光

牙醫師、作家、環保志工 李偉文

> 食物擁有讓全家人共享美好人生的力量，
> 即使媽媽煮的飯菜很簡單，比不上外面餐館的豐富，
> 可是我們真正感受到的，
> 不只是食物的味道，而是整個用餐的氛圍。

這是一本太神奇的書了！

作者顛覆了長期以來家長們的想像，二三歲的小小孩居然可以那麼認真且慎重的在廚房裡工作，不只是洗碗擦桌子，還能切菜煮飯，真是跌破大家眼鏡。

這也是一本太令人感動的書了！

當我們相信孩子，並且讓他們承擔責任，孩子的表現真的令人感動，而且與孩子一起在廚房準備著餐點時，也是親子互動最幸福的時光了。

這是一本當代最欠缺的書了！

太多孩子從小在電視與行動裝置螢幕的吸引下，與這個真實世界距離越來越遙遠，對孩子的成長與發展形成許多負面影響，也逐漸產生了許多精神障礙，

因為這本書給我們的信心，當我們願意帶著孩子一起烹調，透過食物，可以找回人與環境連結的臍帶。

雖然華人喜歡吃，飲食對大部分華人是非常有吸引力的，「王者以民為天，而民以食為天」從古代的漢書就這麼寫著，甚至道貌岸然的孔老夫子也這麼說：「禮之初，始於飲食。」

但是也因為在台灣「吃」實在太方便，夜市攤販、餐廳、小吃店、二十四小時便利超商，乃至於超市商場，滿坑滿谷的食品，我們反而沒有辦法看見真正的食物，以及了解食物與環境的關係。

「吃」是人類最基本的天性，飲食甚至可以說是人類文明產生的原動力呢！英國牛津大學歷史學教授就曾這麼說，

食物是世界史裡最重要的課題，發明烹飪，因此發展出共同進食的社群，是人之所以為人的分水嶺。隨著飲食的複雜與儀式化，吃東西對人類已經不再只是為了活下去，而有了文化的意涵；然後畜牧的發展，從狩獵的生產，再來農業的發明，更是人類文明進展的里程碑。直到近代飲食工業化，食物大量製造與長途運輸，更與現今的環境、生態以及人類的未來息息相關。

我們可以學習與作者一樣，帶著孩子上市場，讓孩子看到蘿蔔是怎麼從土壤裡挖出來，小黃瓜又是如何長大，甚至豬或雞，是飼養在什麼樣的環境，了解我們吃下的每一口食物，我們所付出的代價，以及應負的責任。

日本人至今在吃東西之前，都會合掌說出一句感謝的話，「我領受您的生命了！」那是對讓我們可以活下來，而奉獻出生命的動植物誠摯地感謝，這種感恩的心情，其實也是人生幸福感最大的來源。

同時，每個人小時候吃媽媽手煮的飯菜，更是一輩子幸福難忘的滋味，食物擁有讓全家人共享美好人生的力量，即使媽媽煮的飯菜很簡單，遠遠比不上外面餐館的豐富，可是我們真正感受到的，不只是食物的味道，而是整個用餐的氛圍。

當然，如果孩子從小就能與媽媽一起煮飯，那更是人生不可多得的幸福滋味了！

緣起。

完美的結果，有時比不上有意思的過程。
沒有繁複的做工與複雜的調味，
只在平實的家常菜裡讓小小孩體驗有關料理的一切，
表面上看似大人在教導小小孩，
但，更多的是小小孩給我們的意外驚喜。

一直以來自己習慣隱身在人群之後，將在眾人面前說話視為畏途，每當有必須說話的場合，喉痛聲啞的身心症總會即時出現，我也總是慶幸著能逃過必須面對的尷尬時刻。

這樣的狀態其實一直困擾著我。曾經在小學三年級說話課的前半小時，全身泛起紅疹；五、六年級未曾和班上男同學說一句話；直到十九歲那年，參加青訪團出訪前的集訓，二個月的時間裡，也多以點頭、搖頭、微笑來溝通。當時的領隊還憂心地詢問父親，我是否有語言上的先天障礙？其實，我只是常常不知道要說些什麼，當腦海還在思考的同時，大家的話題已經轉到別處了。

因緣際會創辦了幼兒園後，不知道該說什麼的症狀並沒有減輕，每天要面對許多的家長和小孩，對我來說，是一種挑戰。我不怕挑戰，但卻不知道該如何開口，該說些什麼？我總是遠遠地看著一起創業的夥伴和家長侃侃而談，看著她和孩子開心地說著話，我認真地學習著。

我的朋友。二歲

記得有一天的午後，斜射的陽光映照在我粉紅及膝鏤空的裙襬上，光線穿透後，照得鞋面閃閃發亮，「哇！好漂亮，妳的鞋子好漂亮！」身旁傳來二歲小女孩由衷的讚美，隨即呼朋引伴圍著我的閃亮夢幻鞋。二歲小女孩愛極了，認真的和我討論關於粉紅鞋的一切。

我問她：「喜歡嗎？」小女孩很認真地回答喜歡後，我和二歲小女孩從此變成了好朋友，她每天遇見我的時候，都會由衷地讚美我身上的衣服或鞋子。真心的讚美、單純的崇拜，活化了我腦內聊天的機制，與小小孩的聊天變成每天

令人期待的事。我想，如果大腦有特別負責聊天的區塊，我應該是一直沒有被開發。

沒有過多的考量、沒有負擔的說話，我和我的二歲朋友之間，只有簡單的欣賞和真心的讚美，漸漸安撫了自己對說話的恐懼。小女孩有時會用手環著我的脖子或坐在我腿上說些悄悄話，慢慢的我發現與陌生人簡短的對話不再令我手足無措，開始可以和較熟識的家長聊上幾句。我的二歲朋友讓我明白了，原來與人互動時，真誠才是最重要的。我在小小孩身上找到正向的互動方式，多年喉痛聲啞的身心症竟不藥而癒。

以為錯過的事情，其實才正要開始

創辦幼兒園之初，一直回想著大學時期棄幼兒教育而選擇了餐飲管理，卻在多年後踏上幼兒教育一途，這段不可思議的歷程，是應該懊悔還是應該慶幸？

這十多年的時間裡，我走訪各國的幼兒園、閱讀許多關於教養或兒童發展的書籍，更不斷觀察著老師們對待孩子的方式和所有關於孩子的一切。在與孩子的互動中，我找到了自己與孩子之間，一種美麗的互動，一種幸福的感覺。

而這樣幸福的互動，很可惜在自己孩子小的時候錯過了，年輕時許多因緣際會無可奈何的事，耗盡了當時的精力，當努力重新學習新的相處模式，事過境遷後驀然回首，原來當時的挫折，只是為了成就現在的美好。

經過了十多年的歷練，幼兒教育和餐飲管理原本兩個看似毫無交集的點，在此時開花結果，擦撞出幸福的火花。原來以為錯過的事情，其實才正要開始……

目錄 • Contents

Part-1 學習。無所不在

Column

Part-2 食育。潛移默化

Part-3 美育。兼容並蓄

Part - 1

學習。 無所不在

Learning · always there......

牽著小手 逛市場、散散小步
牽著小手 動手做、嘗嘗味道

讓孩子在生活的分秒間
盡情地享受探索的樂趣
這分秒間的點點滴滴
豐沛了孩子未來生活智能

Set 1.
記憶中的熟悉
二歲小小孩上菜市場

就從二歲開始吧

　　一個下著毛毛雨的傍晚，校園的路上有一把正在自行移動的小紅傘，我好奇的走上前去，心想：怎麼會有自己走路的傘？近些才發現，原來是我的二歲朋友正穿著雨鞋體會下雨天，撐起的弧型傘面幾乎把她整個都包了起來，只露出紅色的小雨鞋。我觀察到那並不是把有自動按鍵的傘。

「妳會自己開雨傘嗎？」我好奇的問小女孩。

「會ㄚ，妳看！」二歲朋友不加思索地當場表演起來。

向小女孩借來操作一下傘的開合，那把小傘的開與關其實是需要花些力氣的。歸還小傘同時，我自言自語的說：「哇！妳根本就是一個大力士。」二歲小孩靈敏的耳朵聽到了，很開心的重複著：「哈哈，我根本就是個大力士。」繼續在雨中散步。

二歲，開始想要自己完成很多事情，喜歡與人聊天分享，也聽得懂很多指令，那麼，有關料理的一切，就從好奇的二歲開始吧！

關於食材挑選的知識，
不知不覺地，
在蔬果魚肉被放入紅格子菜籃車時，
也進入了，我的心裡

約了二歲朋友上菜市場，出發前遞上小菜籃與錢包時，也交代了任務與指令，「今天我們要買青椒、小白菜、長長的金針菇、豆腐、豬腳和雞蛋，菜市場裡人很多，兩個人手一定要牽好，牽著手跟著大人就不會不見。」我說。

走在長長的市場街，小小孩沒有忘記出發前的叮嚀，小手始終牽著對方，沒有放開過。二歲的小孩對什麼都充滿好奇，摸一摸魚攤上的魚、自己挑菜攤上的青椒，想要自己拿提袋，努力完成想做的事。

走在這條市場街，想起了自己記憶中的菜市場。

記得小時候家附近有兩個菜市場，魚肉蔬果熟食分得非常清楚的大菜市場與就在鄰街的小菜市場市集。去大市場的時間一般都是星期天，從家裡出發要經過兩次的左轉，跨越長長的人行天橋，接著穿越滿是誘惑的服飾攤販，中間夾雜些賣五金鍋具、十元倒店貨的攤子。當看見轉角的警察分局時，媽媽便會牽著我借道六阿姨長長的水果店面，那幽暗的長屋盡頭便是光亮的市場入口，那是我與媽媽的專屬捷徑，印象中的市場地圖。

一踏進市場門口，此起彼落的叫賣聲，伴著充滿人情味、你來我往的殺價聲，那是一個充滿聲音、人語喧嘩的世界。市場裡第一、二排是蔬菜類，中間走道是新鮮魚獲，靠近邊陲地帶的是家禽與家畜。固定買的那些攤位慢慢都成了好朋友，總會介紹當季時令的新鮮好貨給主顧客，買菜送蔥是彼此的默契，我最喜歡看老闆將免費的蔥摘去蔥尾偷偷放進我們的紅格子菜籃車裡，心裡有著佔了便宜的竊喜。

小時候的我話不多，只是靜靜的聽著大人的對話。

賣菜阿姨說：「現在是春天，三月的莧菜最好吃……；夏天要吃瓜，買瓜看蒂頭，這上面還有小絨毛，是今天早上才採的……」

賣魚的叔叔說：「魚眼看起來要有光澤，魚鰓應該要是粉紅或紅色，肉要結實有彈性……帶殼的蛤蜊要買活的。」

肉攤上的阿伯說：「買新鮮的肉品得趕早，肉有變色、外皮變乾就不新鮮。」

這些關於食材挑選的生活知識，就這樣不知不覺地，在蔬果魚肉被放入紅格子菜籃車時，也進入了我的心裡。

二歲。什麼都想要自己完成

帶著好奇心十足的二歲小孩逛市場，沿途所見都是聊天的好題材，我和小小孩談著今天菜單裡需要的食材，拿起蒜頭介紹挑選的方法，二歲小小孩很認真的聽著。

「小紅辣椒會辣，大的紅辣椒不會。」

我說。小小孩用力點點頭，抓了一大把放入菜籃。

二歲對於色彩顯然很感興趣，尤其是鮮艷的顏色。看著攤子上許多種類的菇菇，二歲女孩毫不猶豫地拿起一包菌蓋呈顯眼亮橘色的金針菇，事先設定的採購清單，有時也會有美麗的意外。裝了蔬菜的竹籃變得沉甸甸的，二歲小孩依舊興致盎然地提著，小手臂壓得有些微紅。

「需要幫忙嗎？」我問。

「我想要自己提。」二歲朋友回答我。

「好吧！需要幫忙告訴我。」我說。

看著他們努力提著竹籃的背影，讓我想起多年前的德國之旅，急駛的火車上一對祖孫正準備下車，約五歲的小男孩一邊努力把背包背好，還不忘提好隨身的小袋，德國奶奶只是在一旁觀看。待收拾妥當，二人便往車門前進，看得出來小男孩已將背包視為自己的責任，而且根深柢固。我反省著，是否我們一直以來都為孩子做了太多？在二歲孩子想

自己來的時候，就放手讓他們練習吧！

小眼睛觀察著
100 公分枱面上的表演

走在市場裡，二歲小孩會被很多事情吸引，有時是櫥窗裡的花衣服，有時是肉販攪肉機裡正擠出的肉末、大鋁盆中游來游去的活鯽魚、打著氣泡在水裡划的活蝦，就連菜攤上的討價還價，小孩都興致盎然的分心關心著。

「打泡泡到水裡是讓小蝦可以吸到空氣呢！」我說。

「沒有空氣會死掉嗎？」小孩問。

對於小蟲子死掉這件事，二歲小孩有些經驗，前些日子才在桌子底下發現乾掉的小蝴蝶。

「沒有打空氣是會死的。」我回答。**二歲的小孩開始會連結相關的經驗，喜歡發問，也開始關心周遭的事。**

其實，市場裡除了採買食材，欣賞研究各攤老闆的設備，也是件有趣的事。小時候我常喜歡觀察攤子上的老闆，對許多老闆正在處理的事感到非常有趣，同時心裡也有很多的疑問。

那時不太明白為什麼賣放山雞的阿姨將雞放入脫毛機裡，出來便成了無毛雞，很想知道離心力到底對雞做了什麼事？那雞毛混著熱水的味道深深的印在腦海，現在每當為家裡偷開熱水洗澡的鸚鵡吹乾羽毛時，熱風帶出來的氣味總將我帶回小時候的脫毛機現場⋯⋯。

牛肉攤的大姐總會在切牛肉絲前，將刀子再讓磨刀棒磨利加工，利落的把媽媽要的牛肉切成細絲，快速的刀工讓我對那支神奇的磨刀棒子念念不忘，總想著以後長大廚房裡一定要有這一樣好物。終於，在一次德國旅行途中帶回一把磨刀棒，讓我記憶中的刀具情結，巧妙地連上了異國印記。

豬肉攤上的攪肉機神奇的把五花肉變成包餃子的碎肉末，而我總擔心著老闆的手指會不會不小心攪了進去⋯⋯帶著在菜市場裡的許多好奇，我用小小的眼睛觀察著 100 公分高枱面上的工具表演。

想知道。就大口咬

「這是什麼？」二歲小孩拿起一把青蔥問著。

「那是香香的蔥，你聞聞看。」我說。

「這是什麼？」二歲小孩再拿起幾粒大蒜問著。

「那是好健康的大蒜，你吃吃看。」我說。

小孩不加思索地大口咬下，隨即露出驚訝的表情。

「有點辣嗎？沒關係，喝口水，不吃就好了。」

試試看與沒關係是我們常常會用的口吻，從二歲開始，消化器官發展漸趨成熟，正是開發新味道的時候，什麼都吃吃看，越早開發味蕾越不容易偏食。

曾經訪問身邊的朋友，家裡的二歲小孩什麼都吃嗎？會自己吃還是需要餵？通常會自己吃的小孩比較不挑食。當然，菜是自己買的小孩對不同味道的食物接受度會更大。

「這是什麼？」二歲小孩子指著桌上一碟尚未洗淨的秋葵問。

「想吃吃看嗎？」我說。

小孩拿起一根咬了一口，之後一口接著一口，吃得津津有味。我也好奇的拿起秋葵嘗了一口，未汆燙的秋葵其實和燙過冰鎮後的味道差不多，入口少了些黏稠，多了點清脆的口感。我們在讓小小孩嘗試味道的同時，也再度開發了自己。

控制之間。手眼取得平衡

「誰要來幫米洗洗澡？」我問小小孩。

「我要！」「我也要！」二人異口同聲的說。

掏米時，小孩練習拿量杯測量，專注的將米倒入內鍋，在過程中讓他們體會多與少，過與不及。一人控制水的開開關關，一人負責洗米，剛開始還未拿捏好力道，不小心把米撒出鍋外，水也溢出來了。

「沒關係，洗完了再擦就好。」我說。

小孩多試幾次，在開關之間終於找到平衡點。開啟這個升降水龍頭要費一點力氣，先把開關向前推，水龍頭因內部水壓改變會自動升起，待水龍頭完全上升後，水才會流出來；開關往後扳，水便會停止流出。開關水龍頭，運用到手指的大拇指、食指與中指，眼睛看到水滿了，大腦發出訊息，手指關水，看似

平常的玩水遊戲，其實就是很好的手眼協調練習。

記得一次學校裡的二歲小孩開了間洗車廠，每天早上都會在辦公室前提醒大家有洗車服務，預約好的車子十點整會開到教室前面，小小孩拿起水管、海綿、抹布開始忙了起來；洗完車，大家還要開會檢討哪裡洗得不夠乾淨。幾次開會下來，發現車子的上半部是最不容易洗到的地方，怎麼辦呢？經過開班會討論，就算墊了小椅子還是不夠高，所以車子的上半部由老師協助完成。二歲也可以運用開會得到共識，遇到困難一起找出方法解決。

學習。往往就在驚訝的瞬間

「想要試試看嗎？」我說。

二歲小孩有些猶豫，因為滑滑的豬腳圈摸起來黏黏的。

「手會黏黏沒關係，等下洗過手就不會黏了。」我再一次鼓勵。

受到鼓舞的小小孩願意再試一遍，終於成功的把滑滑的豬腳放入平底鍋，露出開心的笑容。

蔬菜和肉類的手感明顯不同，有些小孩不太在意黏滑的感覺，有些小孩需要時間來克服。幫小孩排除疑慮有時是必要的。我注意到二歲男孩對微濺出的油爆有些害怕，為他更換了鍋口稍大的鍋

子，於是小小孩有了成功的煎鍋初體驗。

我喜歡給小孩真實的工具體驗，料理的前、中、後階段，只要小孩有興趣都可以讓他們試試。握著二歲小孩的手將青椒劃開，剖面露出的青椒籽令小小孩驚訝不已，那個「哇」的聲音深深的撞入我心裡……。學習，往往就在那驚訝的瞬間裡。

一個看得見的等待

自己動手做的菜最令小孩期待，從採買、切洗、煎煮，參與度越高，對食物的接受度也就越高。在食物完成的過程中，同時讓小孩學習等待。

「大人在大廚房準備，小孩在小廚房準備，等大時鐘走成直線時就好了。」我這樣告訴他們。

「還要多久？」

記得小時候我也常常這樣問外婆，大灶上的蒸籠飄出誘人的粽子香氣時，總會想知道還要等多久才吃得到。

「當太陽照到米缸時就好啦！」外婆總會給我一個答案，於是我會搬個小板凳去坐在米缸前，等著光線一點一點的前進。

還要多久？有時小小孩要的只是一個看得見的等待。

出發前的叮嚀

「市場裡人很多，小手要牽好，就不會不見。」
二歲多的小孩可以接收簡單的指令與任務，拿
起菜籃和小錢包，今天小小孩要採買青椒、小
白菜、金針菇、豆腐、豬腳和雞蛋。

菜市場 ing

對什麼都感到好奇，都想停下來看一看，好想
摸摸看小魚攤的魚，新鮮是什麼？魚肉ㄅㄨㄞ
ㄅㄨㄞ、眼睛亮亮就是好新鮮⋯⋯

Tip　逛菜市場途中會有很多讓小小孩分心的事，漂亮的衣服櫥窗、小魚攤裡還在
游泳的小鯽魚、水果攤上亮麗的水果都會吸引小小目光，只要小孩有興趣都
是機會教育。小小的二歲喜歡嘗試新挑戰，小菜籃裡裝滿了自己挑選付帳的
蔬果，雖然有點重，但是會想要自己拿，大人可以讓孩子提一陣子，從小培
養責任心，讓幫忙家事內化為一種習慣，教養就從生活中的小地方開始。

Tip 二歲開始，消化器官發展較成熟，適時讓小孩嘗試一些新的味道，什麼都吃看看，越早開發味蕾越不容易偏食。

想知道。就大口咬

菜籃裡的蔥是什麼味道？二歲是小小的天生冒險家，安全範圍內的嘗試是個好主意，咬一口看看，煮之前是什麼味道？一點點辛辣感、微微的甘味，凡事都給一點新的可能。

幫米洗洗澡 二歲的煮飯遊戲，二人合作無間，一人控制水的開開關關，一人負責替米洗澡。二歲開始從嘗試及錯誤中學習解決問題，水太多了就要關水，讓小孩圍上小小圍裙，就算濺出水花也沒關係。

Tip 玩水是小小孩的最愛，開關之間訓練手指肌力，水滿了要關水，眼到手也要到，在日常生活裡練習手眼協調。

煎豬腳幫手

有了合適的工具，二歲也可
以是廚房好幫手，小小的平
底煎鍋與鏟子，一次一圈試
試看。

Tip 蔬菜與肉的手感明顯不同，有些小孩很快就可以拿起滑滑的豬腳圈，有些二歲的小孩要一些
時間克服黏黏的手感，大人在一旁觀察鼓勵：「手黏黏沒關係，等下洗手就OK。」
小瓦斯爐開小火，不要超過平底鍋下緣，提醒小孩只要不碰到金屬部分都不會燙手。煎東西
產生的小油爆對小孩來說會是個考驗，大人在事前要幫忙擦乾食材表面的水分。火的控制很
重要，想要更自在的翻面，換個鍋口稍大的中鍋也OK，小小的煎鍋初體驗就會很成功。

折豆子、切豆腐都拿來煮湯

二歲小孩被攤子上長長的金針菇吸引，堅持買下可愛小菇，午餐就拿來
料理吧！配上節令四季豆，大人先撕去兩邊纖維，讓小孩幫忙折成小段，
同時練習手掌握力，折大折小沒關係，工作開心就好。

Tip 越是新鮮時令的四季豆，纖維越細緻；豆腐放在長盒子裡就不會滑動，是很好的切工
練習對象，大人手握住小孩的手，二歲也可以感受真實好用刀具。

用撕用折摘青菜 洗乾淨的菜葉，小小孩來加工，給他們一些任務，料理變成歡樂時光，生活中隨時都會有好玩的遊戲！

Tip ▶ 撕菜葉用的手指與折豆子不同，運用不同的食材讓小小孩交換使用手指肌肉，幫大人完成料理前置作業會讓小小孩很有成就感。

打蛋 迷你打蛋器最適合讓小小孩來攪拌，容器裡的蛋黃與蛋白在攪動中慢慢的融合在一起。

Tip 操作過程中，大人可以用正確的語彙教小小孩分辨蛋黃與蛋白，讓小孩體驗蛋液的黏稠感。

試切青椒手感

只要小孩想嘗試,二歲也可以切切看,刀子劃開的那一瞬間,哇!原來青椒裡有那麼多小小種子。

Tip 大人握著小孩的手試切青椒手感,有點光滑的外皮需要一些下壓的手勁才劃得開,食材處理前、中、後階段盡可能都讓孩子參與。

Tip ▶ 在等待食物烹煮過程中,小桌上的鍋、盆、小蒸籠都是玩具,大人小孩各自都有廚房。

在遊戲中等待 自己動手做的最令人期待!從採買到切洗,參與度越高,接受度也就越高。

開動了 蛋醬青椒手拿沙拉、古早味豬腳、清炒手摘小
白菜，每樣都要嘗一點。

Tip 蛋料理是小孩接受度最高的食物，將青椒洗淨、切成長條
狀，方便小孩拿在手上；豬腳用剪刀剪成方便入口的小塊。

午睡後的點心

小睡充電後，來個蛋糕小點心。小孩的反應很直接，好吃總想再多要一些……

Tip 讓二歲小孩從採買、準備、切洗、下鍋到完成成品，時間的拿捏很重要，這次從出發到用餐總共花了三小時，對二歲小孩來說，在體力上是個挑戰。時間不充裕的時候，其實可以分段進行，把市場採買與食物製備分開，上午逛完菜市場，午睡過後再開始廚房裡的料理遊戲，在小孩體力、精神狀況都好下進行親子互動。

廚房裡的遊戲 (二歲左右的孩子)

- ☐ 運用手指練習抓取動作，將切好的塊狀物放入容器裡
- ☐ 運用三指以上撕碎葉片放入容器
- ☐ 喜歡開關水龍頭
- ☐ 利用塑膠刀將小黃瓜切塊，切好後放進碗裡
- ☐ 將小番茄的蒂頭去掉
- ☐ 幫忙用湯匙將砂糖舀進鋼盆裡
- ☐ 將食材與沙拉醬混拌均勻
- ☐ 利用攪拌器打蛋液

Memo ｜ 今日任務

金針菇菇豆腐湯
古早味豬腳
清炒手摘小白菜
蛋醬青椒手拿沙拉

金針菇菇豆腐湯

金針菇 1 包
豌豆莢 10 片
豆腐半盒
絞肉 200 克
薑絲少許
鹽 1 小匙

1、將金針菇剝散，切成四小段；豌豆莢摘去兩側纖維，
　切成一指寬小段；豆腐切成 1 公分見方備用。
2、煮滾 3 碗水放入絞肉，用湯勺將肉分散後，放入薑絲、
　豆腐丁、金針菇段，小火煮滾 5 分鐘，起鍋前放入豌
　豆莢，加鹽調味就完成。

古早味豬腳

切塊豬腳（前、
後腿皆可）1 隻
薑片 5 片
辣椒 2 支
蔥段 2 支
醬油 5 大匙

1、辣椒洗淨備用。

2、開中火，用少許油將豬腳兩面煎至金黃，
　　移入有深度的鍋中，放入薑片、蔥段、辣
　　椒，倒入醬油，加水 600cc 淹過豬腳，改
　　大火煮滾後，關小火燜 40 分鐘，起鍋前
　　開蓋收汁就完成了。

清炒手摘小白菜

小白菜半斤
薑片 3 片
鹽 1 小匙

1、小白菜洗淨切段。

2、炒鍋加 2 大匙油燒熱，先放鹽再加入薑片，
　　爆出香氣後，倒入小白菜，快火翻炒至葉
　　片微軟即可。

蛋醬青椒手拿沙拉

雞蛋 4 個
青椒 2 顆
醬油（或豆瓣醬）
1 大匙

1、雞蛋打散備用。

2、鍋中加入 3 大匙油以中火燒熱，倒入蛋汁，
　　快速翻炒至微凝固，放入醬油後關火，即
　　成「蛋醬」。

3、青椒洗淨，對切去籽，將蛋醬填入青椒片
　　的凹槽就完成了。

Column

我也可以～
二歲小孩的語言、認知、情緒發展和自理能力

手部運用
- ☐ 會把四塊或更多的積木／小盒子疊成小塔
- ☐ 可以扭動瓶蓋及塞小柱子到孔內
- ☐ 會用色筆塗鴉並開始慣用左手或右手

語言能力
- ☐ 能辨別多個熟悉人物的名字和物品名稱
- ☐ 能分辨多個不同的身體部位
- ☐ 會開始將名詞和動詞組合起來

認知發展
- ☐ 開始會將物品按形狀及大小分類
- ☐ 愛玩假想遊戲扮家家酒，開始會以自己為對象，會餵自己或洋娃娃吃飯
- ☐ 會拿起梳子替自己梳頭，之後會擴展到其他人
- ☐ 開始從嘗試及錯誤中學習解決問題

社交和情緒發展
- ☐ 通常比較自我中心
- ☐ 愛看其他孩子玩耍，也愛和他們在一起，開始跟其他孩子有互動遊戲
- ☐ 佔有慾強，會和其他孩子爭玩具
- ☐ 會用動作或語言表達自己的需要，也會引領他人去注意他感興趣的事物
- ☐ 開始模仿成人和年長孩子的行為

自理能力
- ☐ 會嘗試自己用調羹進食和用杯子喝水
- ☐ 會自己穿脫鞋子
- ☐ 會告知他人要上廁所

◎參考資料來源：《嬰幼兒評量、評鑑及課程計畫系統 I - IV》Diane Bricker、Misti Waddell 編著（心理出版社）

Set 2.
小小的。心。眼
真實的迷你廚房

即便是經過多年依然令人難忘，一個隱身在蘋果樹林裡的德國幼稚園，有著一套完整得令人驚艷的迷你版兒童廚房，操作枱面下鑲嵌著真的烤箱和迷你小水槽，方便工作的中島上有著適合小孩握柄的擀麵棍、刀具、湯杓、湯鍋、平底鍋等，各式工具一應俱全。置身在窗明几淨、綠意盎然的環境裡，如同在森林做菜一般，當下真想就住在這裡了，在這個只會出現在想像中的理想夢幻廚房，享受烹飪的樂趣。

一日午後，我將茶几四個桌腳各墊一塊空心磚，客廳裡平凡的茶几立刻變身為 50 公分高的小小中島，山寨版的中島上擺了幾個迷你平底鍋、迷你炒菜鏟、可愛的小砧板與小刀。我複製一個迷你版的廚房，準備了黃豆芽、排骨、綠竹筍、木耳、雞腿，等著我的三歲小廚師來上班。

三歲小女孩經過，被我的迷你廚房吸引，走進來想要幫忙摘黃豆芽。

「為什麼要把豆芽的鬚鬚摘掉？」三歲的小女孩好奇的問著。

「摘掉鬚鬚後，菜炒好才不會纏來纏去、亂亂的，這樣子比較漂亮，有時候煮菜也要看起來美美的。」我想還是<u>要從小地方開始學習欣賞美</u>，所以這樣認真的回答。

「不摘掉也可以嗎？」小女孩疑惑的問我。

「如果不想摘掉也沒關係，都是可以吃的，妳們可以自己決定。」<u>清楚告訴小孩問題的因果是很重要的事，食材廢棄的取捨關鍵資訊多了，就可以舉一反三推論</u>。我等著三歲小女孩的決定。

「我們也想要美麗的菜。」

顯然「美麗」對小女生是個關鍵字。

想要吃到好吃的菜，新鮮當季是第一考量，若能在食材的前處理多下點工夫，做出來料理就會有不同的風味。簡單的豆芽，如果能在拌炒之前摘去細鬚，炒出來的豆芽菜就會多了爽脆口感，這是一件施行上相當簡單，但是要花些時間完成的細活，交給小小孩來加工再適合不過。

「一手的食指和拇指捏到豆芽的根部，用另一手食指和拇指把鬚鬚捏掉就可以了。」我邊示範邊講解。

「是像這樣嗎？」小女孩完成了一個，拿著問我。

「哇！做得真好！」我誠心的讚美鼓舞二個小女生認真的投入，不一會兒一袋黃豆芽全都整理完畢。

「妳看，我們把黃豆芽排好隊了。」三歲女孩開心的告訴我。

「還有，連鬚鬚都排好了呢！」接著得意的說。

不要的鬚鬚也排得那麼整齊，方便等一下的清理，三歲可以想到這些，真是讓我意外極了。孩子對事情可以舉一反三的推理，這多出來的火花，讓我重新去認識孩子的學習力，學習不設限，才會得到無限呢！

成就感是累積自信的開始

籃子裡有幾支尚未脫去外殼的春筍，故意留著外殼保持筍子的鮮嫩，我想讓三歲小女生試試。

「有人想幫竹筍脫衣服嗎？」我帶著一點擔心的問著，心裡想著這外殼會不會有點硬，小小的手指會不會剝不動？

「我想試試。」

「我也要。」

二個小女生躍躍欲試，一點都不在意那看起來有點硬的外殼。

「來，先幫竹筍直直的劃一刀，再這樣一層一層往內把殼脫掉。」我放慢示範速度，小女生認真的看著。

「像這樣嗎？」小女生剝下了一層外殼後問我。

「對，就是這樣。」我開心地回答，也笑自己多餘的擔心。

路過的二歲小女孩也好奇的想要試試，我拿了一支劃過刀的竹筍給她。

「妳看，像姐姐一樣，從刀子切開的地方剝下來。」我一邊說一邊示範，剝下一層筍殼。

「我也會。」二歲小女生很有自信的說，立刻動手剝起竹筍。

讓小孩替竹筍剝去外殼，真的一點都不難，二歲的小小孩就可以勝任這個工作。**我們在讓小孩做事之前，有時會不經意地先預設事情對小孩的難易，小孩要的只是一個好的引導與真心的讚美，完成任務產生的成就感，就是累積自信的開始。**

喜歡。從觀察開始

學校廚房裡的二位大廚是手藝精湛的型男，一位擅長西式餐點，一位喜歡中式料理，我常常很好奇，這麼年輕的男生是從什麼時候喜歡上古早味料理？

「很小的時候，我就很喜歡看大人煮菜，阿婆煮菜我都在旁邊幫忙，很多傳統料理的方法不知不覺就記起來了。」大男生靦腆的回答我。

「我也一樣吔！」我如獲知己般的興奮不已。

「爸媽帶我們兄妹三人去買玩具，我都直接走到辦家家酒專區，那時買的玩具都是小鍋小鏟，有空就會搬出來玩請客遊戲。」大男生接著說，「有一次家裡來了客人，到了吃飯時間，會煮飯的媽媽和外婆都不在家，十二歲的我只好打鴨子上架，憑著記憶做出一桌子菜來。」大男生很肯定地說：「我國中二年級時就立志要當大廚師！」

喜歡，是學習很重要的動力。

記得自己小時候也是外婆廚房裡的小跟班，小學前外婆家還是用大灶生火炒菜，每當下午太陽走到大灶中間，就要開始準備做飯，那是我每天最期待的時刻。小小的人站直了，也只能看到砧板上正在剁肉的刀子揮舞，為了想要看清楚，我搬了板凳想盡辦法站上大灶邊

緣，很可惜沒多久就讓大人給抱下來，壞了我的完美觀察計畫。

除了在外婆的廚房裡觀察自學外，偶爾的辦桌喜宴場合也是我的秘密練習所。小孩子胃口小，吃完三道菜就想溜下桌玩耍了，我常會站在大廚旁邊，看著接下來每一道菜的做法，知道了蒸籠裡端出的大魚上桌前，在灑了蔥薑細絲的表面淋上一杓熱油是好吃的關鍵，起鍋前加上太白粉水，鍋裡的美味就會變得濃稠，炸得酥脆的大魚是要用很多油才會成功……許多的料理細節在不經意間就這樣輸入腦海中。

有時一本書。
不經意地種下喜歡的種子

「國小時看過一部卡通，是一個天才小廚師的奮鬥故事，卡通裡的做菜神技令我著了迷，那時我好想和他一樣，」廚房裡的大男生這樣告訴我，「常會趁媽媽不在家時偷偷發明新菜色，哈哈！那時我媽只跟我說不要把廚房毀了就好。」說著露出開心的笑容。

「國中時，我常請同學來家裡品嘗新菜；讀專校的時候，家裡經營餐廳的同學找我一起去考廚師執照，就這樣考上了……就是喜歡煮啦！」大男生回答得直接，對於烹飪就是單純的喜歡，發自內心的主動。由崇拜故事裡的主角，到後來變成和主角一樣，每天優遊在令人開心的廚藝世界裡，想必也是他始料未及的事吧！

想起自己小時候也像這個大男生一樣，被一本烹飪故事書裡的情節深深吸引，至今仍依悉記得每次翻閱時的悸動。

在那本關於小小廚房的圖畫書裡，畫有小孩高度的料理枱、幫忙大人去市場採買的情節，畫中的小孩和大人買完菜回家，會和大人一起切洗食材與做菜，也和小朋友們一起在院子裡的大樹下玩扮家家酒。不知為什麼總是十分羨慕書裡的小孩，想著有一天也要像書中小孩一樣，擁有一間窗外有綠樹搖曳的迷你廚房，在陽光灑灑的午後，和小孩一起享受廚房裡的光與影。

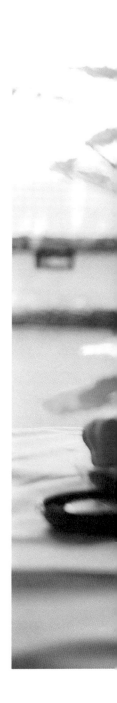

什麼都要小小的

小小的鍋子、小小的鏟、小小的湯杓、小小的碗，什麼都是小小的，迷你的尺寸讓做菜變成有趣的遊戲。

豆芽菜也要排好隊

摘豆芽是很好的手指靈活度練習，二、三歲的小孩就可以做得很好，大人示範一次之後就可以放手讓小孩自己完成。二歲的小孩有時需要多一些提醒，或許偶爾會不小心混進摘掉的鬚根，「沒關係，拿起來就好。」只要用鼓勵的語氣提醒，小小孩也會越做越好。

念念不忘的排骨湯

摘完豆芽的二歲小女孩一直念念不忘尚未完成的黃豆芽排骨湯，
又走回我的迷你廚房。我拿起一個大湯鍋請小女孩幫忙放入食材。
排骨湯的做法很簡單，先放薑片、小肉排，加水煮滾後轉小火燜
30 分鐘，小女孩在放食材同時也體驗到肉排與薑片不同的觸感，
觸覺的開發對小小孩很重要，有些小孩對沒摸過、軟軟滑滑的手
感會不太喜歡，多一點經驗後，下一次就上手了。

幫竹筍脫衣服。真的不難

看著小孩認真剝著竹筍外殼，一層又一層，在折斷尖端瞬間，
「啪」的一聲，小孩露出完成的喜悅，廚房裡有很多有趣的工作，
等著我們一起開發。

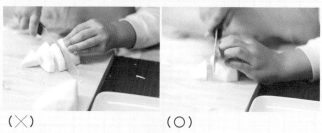

（Ｘ）　　　　　　　（○）

三歲也可以練習切菜

大部分大人對於小小孩使用刀子都會有些擔心，常會找些塑膠餐刀來替代，但有的食材用塑膠刀切得開，有些食材卻切不開。對於刀子的使用，我比較喜歡讓小孩體會刀子的真實感，提供小小孩使用的刀具，外型選擇以圓弧前端為首選，長度約小孩二個拳頭為佳。

Tip 第一次用刀的小小孩，要提醒他們輔助的手指要記得彎曲，眼睛要注視著正在切的食材。只要經過一段時間練習，三歲孩子也能成為最佳的切菜小幫手。

對小鍋蓋有著莫名好感

觀察幾個進來小廚房煮菜的小孩,都對桌上小小的木製鍋蓋顯得興趣濃厚,翻炒幾下,就會拿起木蓋把鍋子蓋上,一會兒又再打開檢查食物燜煮進度,開合之間有著對食物完成的期待。小小的心等不及雞肉燜軟,直問著:「筍子可以吃了嗎?」「木耳呢?」只要是自己動手的,什麼都很期待!

廚房裡的遊戲 (三歲左右的孩子)

☐ 摘去黃豆芽的鬚根

☐ 分辨食材的要與不要

☐ 剝除筍子的外殼

☐ 使用小餐刀練習切開較柔軟的食材

☐ 把切好的食材放進湯鍋

☐ 體驗各種食材不同的觸感

☐ 開合鍋蓋

☐ 分辨食物製備完成與否

Memo │ 今日任務

春筍木耳燒雞

黃豆芽排骨湯

春筍木耳燒雞

筍 4 支
木耳 2 片
雞腿 2 隻
薑片 6 片
醬油 5 大匙

1、筍去殼，切去粗硬纖維，切滾刀塊；木耳切大片；雞腿洗淨，切大塊備用。

2、炒鍋加少許油燒熱，放入雞腿塊煎成金黃色，加入薑片、筍塊、木耳片，淋上醬油拌炒，上色後加水 500 cc燜煮 30 分鐘，起鍋前收汁即可。

黃豆芽排骨湯

黃豆芽 200 克
排骨 300 克
薑片少許
鹽 1 小匙

1、黃豆芽摘去鬚根，洗淨備用。

2、排骨汆燙去血水後，加入薑片和適量的水煮滾，關小火燉 30 分鐘，再放入黃豆芽，小火煮滾 5 分鐘，起鍋前加鹽調味就完成了。

Column

我也可以～
三歲小孩的語言、認知、情緒發展和自理能力

手部運用
- ☐ 會拿筆畫直線和橫線
- ☐ 會用積木類的玩具建構立體概念
- ☐ 會串珠子
- ☐ 會逐頁翻開書本
- ☐ 會旋轉發條

語言能力
- ☐ 懂得聽從簡短的指示
- ☐ 會辨別大部分的常見物品及圖片名稱
- ☐ 會明白動詞和形容詞，例如：打開、很熱
- ☐ 懂得回答簡單的「是否、什麼、哪兒」等提問
- ☐ 會說簡單的句子，例如：哥哥吃糖
- ☐ 開始使用代名詞，例如：你、我、他
- ☐ 在提問下懂得說出自己的姓名和年齡
- ☐ 愛問「這是什麼？」

認知發展
- ☐ 會配對物品和圖片
- ☐ 能辨別某幾種顏色
- ☐ 開始對數字有概念，會明白「一個、二個」的意思
- ☐ 能完成三～四塊的拼圖
- ☐ 扮演遊戲已變得較為複雜（如扮醫生或老師），甚至利用某些物件做其他用途（如拿梳子放在耳邊打電話）

社交和情緒發展
- ☐ 仍以自我中心
- ☐ 會模仿成人和玩伴的行為
- ☐ 喜愛熟稔的玩伴
- ☐ 開始懂得等待，也會與人分享物品
- ☐ 不如意時會發脾氣、出現叛逆行為

自理能力
- ☐ 白天不會尿濕褲子
- ☐ 自己吃東西，技巧已較為熟練
- ☐ 會穿上和脫掉簡單的衣物

◎參考資料來源：《嬰幼兒評量、評鑑及課程計畫系統Ⅰ-Ⅳ》Diane Bricker、Misti Waddell 編著（心理出版社）

Set 3.

分分。盒盒。之間

看得見的數、量、形

從市場回來，一袋袋的蔬果魚肉散落一地，正在喝水喘口氣時，四歲的小孩問我：「這些菜和肉要放到冰箱裡嗎？」

「是要放到冰箱，但是我們要先當超市店員，把這些東西分類裝好再冰。你們要幫忙嗎？」

小孩子喜歡玩扮演遊戲，對開店這個主意顯得興趣濃厚，一個個紛紛露出期待的眼神。

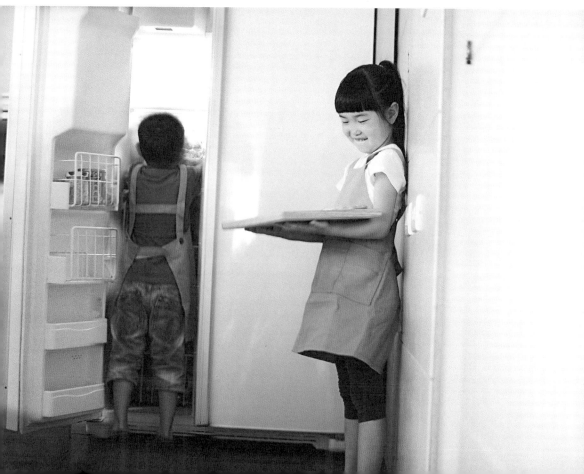

「青菜全部擠在一起，袋子沒有綁緊就放進冰箱，過幾天就會變得乾乾黃黃的。」小孩需要眼見為憑，我把上回沒有處理好的乾黃小白菜從冰箱拿出來，與新鮮蔬菜對照。

「真的耶！」

「那放到冰箱裡為什麼會變乾乾的呢？」

「就像我們一直待在冷氣房裡，會覺得皮膚很乾，青菜沒有包起來也會變得乾乾的。」**對新事物的說明，如果能夠藉由小孩的舊經驗，會更容易幫助孩子理解。**

「你們看，把一次要吃的青菜先噴一點點水，再用大張餐巾紙捲好，最後用合適的塑膠袋裝起來綁好，就可以放到冰箱裡了。」

我一邊動作一邊說明，小孩認真的看著，很想自己動手試試看。

「為什麼不用報紙呢？我阿嬤都用大報紙包耶！」小女孩提出質疑。

「因為報紙上面有黑黑的油墨，妳看！」我拿起身旁的報紙，用手抹了一下，舉起黑黑的手指。

「哇！好髒的手指哦！」小孩眼睛看到就會印象深刻。

「用報紙來包青菜，有可能會沾到油墨，沒洗乾淨吃到肚子裡不太好。」我再加強的說。

小孩同意的點點頭，開始當起了包裝店員。

「如果是四個人要吃，大概秤 300 克就夠了。」我把秤子拿出來，順手在 300 克的地方貼上標籤。

我喜歡讓小孩玩彈簧秤子，磅上指針會隨著東西的多與少而變化，對於還不太認識數字的小孩是很好的學習工具，看久了對於數、量、形就更容易產生對的連結。

小時候我很喜歡玩父親放在櫃子裡的天平，天平基座的上端有二個小托盤，一邊是放砝碼，一邊放要秤重的東西，木盒裡的砝碼從 1 克到 100 克，每個重量的砝碼都有自己的格子。木盒裡還有砝碼專屬的小夾子，每次要量少量的克數，都要用小夾子小心夾起薄片砝碼的一角，輕輕的放在白色小托盤上。我常常忘情地看著天平兩端的重量對應關係，想像自己是賣店的老闆，正在為顧客精準的量取貨品。

看得見的數、量、形是孩子很重要的數學遊戲。由於秤的東西重量不同，小孩會看見彈簧秤的指針上上下下移動——量重的東西，指針會往下沉，有時還會繞一圈過了頭；把東西拿掉一些，指針會往回走，輕、重、多、少的概念就這樣印在孩子的腦海中。

小小的用心，讓下一次更方便

「還有絞肉、排骨也都要分裝成小包喔！」

一大包的食材要解凍，對於要在短時間做出料理，又忘了提前將食材拿出冷凍庫的媽媽來說，是件令人懊惱又心急的事。因此，每次採買食材回家，分裝便成了重要的前置作業。

「我們來分每次要用的排骨，四個人大約要六、七塊。」我想花些時間教四、五歲的小孩學會分裝食材，先示範數了七塊小排放進袋子裡，鋪平，綁好袋口。

「為什麼要像那樣壓扁呢？」四歲小男孩問我。

「這樣放在冷凍庫裡很快就會變成肉肉冰塊，肉比較能保持新鮮，而且下次要用時，薄薄的一片很快就可以解凍，媽媽煮晚餐會很方便又快速。」**對小孩說明事情原委時，真實性與好處是重點。**

「那絞肉分好也一樣要拍平嗎？」五歲小女孩很快的舉一反三。

「是啊！要冷凍起來的東西都可以這樣做，」我開心的回答，「這樣冰箱的冷凍庫就會很整齊，要找東西也會很方便。」

「奶奶家的冰箱，一打開就會有東西掉出來，嗯……還會有菜的味道。」聽到我的回答，小女孩馬上心有所感的接話。

「爺爺家的冰箱裡還有去年過年的年糕哦！」大家七嘴八舌的說著家裡的冰箱故事。

和小孩聊天很有意思，常常會在無意間洩漏家人的秘密。說著奶奶冰箱窘境的小女孩，肯定是想幫忙家人解決問題，所以這樣認真的討論著。

其實很多人家裡面的冰箱也是這樣，一袋一袋未處理的食材，隨意堆疊，通風不良，保存期限相對縮短，無形中造成了不必要的浪費，沒有封緊的食物味道相互影響，也會讓之後做出來的料理走味。

「把買回來的蔬菜、魚肉分裝好是很重要的喔！這樣東西不會容易壞掉，就不會浪費食物，也算愛地球呢！」加上了愛地球的使命感，小小孩的眼中露出環保小尖兵般堅毅的眼神，嗯！**好習慣要從小開始培養。**

可以冰，不可以冰，可不可以冰

小時候外婆家的櫥櫃底下有一個陶甕，裝滿細沙的甕裡藏著一塊塊老薑，外婆的老薑是不放冰箱的，埋在沙裡的老薑要用的時候挖起來，掰下一小塊再埋回沙裡。小時候漏看了老薑埋入沙裡的片段，總以為那甕裡的老薑會生小孩，否則怎麼每次要用去沙裡挖開都會有！

「不是每樣東西都可以放冰箱的。」我想還是要對小孩釐清一下保存觀念。

「我知道，我們家的大蒜都用網子掛在廚房架子上。」小男生很得意的說。

「有些蔬菜不喜歡太冷，放在太冷的冰箱裡，蔬菜會凍壞的。」我說。

「天氣太冷，我的手也會凍壞。」小女生有過凍傷經驗，這樣告訴大家。

「所以，不喜歡太冷的葉菜類，在冰箱放超過七天，就要放在冰箱的蔬果盒裡。」

「而且要趁新鮮快點吃完。」小男生下了結論。

「像洋蔥、馬鈴薯，在天氣不熱的時候，放在廚房乾燥涼快的地方就好了。」我接著補充舉例，「還有些東西不能冰在冷凍庫，像春天的竹筍、秋天的蓮藕、有著新鮮大葉子的蔬菜。冷凍過的竹筍、蓮藕會變得粗粗的，很硬又很難咬，綠色大葉子也會凍壞掉，就不好吃了。」

小小孩的理解能力有時會出乎大人想像，對於有興趣的事，其實是很有連結能力的。

「嗯！我知道用玻璃瓶裝的飲料也不可以冰在冷凍庫裡，上次我哥哥就把它冰破了。」五歲小男生有過冰壞的經驗，也提供給大家知道。

這麼多不同的食物保存方式，最適合和小孩一起在廚房工作的時候，用聊天的方式帶入，在小小孩動手分裝保鮮的過程中，慢慢的就會內化成生活中實用的知識。

Activity

看得見的測量　四人份的青菜一餐有多重？每個家庭都不盡相同，超市裡的生鮮蔬菜大多是 300 克一包，第一次的包裝就量 300 克吧！用看得見指針的彈簧秤來測量，多一些少一些，指針都會說話，等青菜都秤好，小孩已經認識「300」了。

方便食材。好處理

料理前花一些時間處理分裝、冷凍、清潔、保鮮，會讓每
一個下次使用更便利。採買回來的魚、蝦、肉類需要小幫
手協助分裝，花些時間仔細教會每一步驟，將食材分裝整
理平整放進冰箱，下次取出解凍使用才會節省時間。

【　魚　】魚的冷凍也是以一餐為單位，五尾小型魚就分成二包吧！每一份都用保鮮膜包
　　　　　裹好，再一起放入夾鏈袋，形狀不整齊就把魚頭對上魚尾，壓出空氣封好袋口
　　　　　後放入冷凍庫。

【絞　肉】料理時絞肉用量較難拿捏，那麼就讓它有多有少。將秤好絞肉倒入小夾鏈袋，
　　　　　先鋪平整，壓出空氣，再放入冷凍庫。

【排　骨】用小袋子裝好一次的量，壓出空氣封口。如果不想用太多袋子，也可以使用保
　　　　　鮮膜，將一次的用量包成一包，盡量放平整，最後壓出空氣封口。

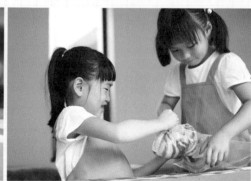

【五花肉】五花肉以整塊為單位，使用保鮮膜包好，一起放入袋子裡冷凍。

> *Tip* 如果裝成太多零散的小袋，東西一多反而不好找，把相
> 同食材再用大袋子包裝分類，使用上會更加方便。

烤迷迭香雞腿

買回的雞腿如果已經有預定的料理
計畫,可以在分裝時連同香料放入
袋中,在烹調前一晚移至冷藏室解
凍,第二天就會是道方便快速的美
味。

Tip 這道迷迭香雞腿沒有多的刀工,
也很適合小小孩來操作。

清炒薑片絲瓜 四歲的小男生還無法單手拿著絲瓜刨皮，可以將絲瓜平放在桌面，一手固定絲瓜，另一手用刨刀刨去外皮，在廚房裡的工作要依照孩子的個別發展來調整。

歐姆蛋捲 在做歐姆蛋捲時，準備好不同的餡料，讓孩子盡情發揮想法，自己搭配蛋捲的口味。

金菇肉末薑絲湯 拿出一包絞肉解凍,配上金針菇與薑絲,很快就能端出一鍋好湯。絞肉的保存常會影響料理品質,保存得宜,解凍後依然保持絞肉的鮮甜;保存不良的絞肉在解凍料理時容易有腥味。

廚房裡的遊戲 (四、五歲左右的孩子)

☐ 運用適合的刀子切斷食材
☐ 模仿大人將左手指微彎固定食材
☐ 將食材切成小丁
☐ 練習用刨刀刨去絲瓜外皮
☐ 聞聞看迷迭香的味道
☐ 練習簡單的秤量食材
☐ 分裝食材

Memo ｜ 今日任務

烤迷迭香雞腿

清炒薑片絲瓜

歐姆蛋捲

金菇肉末薑絲湯

烤迷迭香雞腿

去骨雞腿 2 隻
鹽 2 大匙
義式香料 2 大匙
（或任何喜歡的香料）
橄欖油 2 大匙
（不加也沒關係）
新鮮迷迭香 2 小枝

1、去骨雞腿洗淨拭乾，將鹽與香料混勻，抹在雞腿二面。

2、平底鍋燒熱，加入橄欖油，待油溫升高後，皮朝下放入雞腿，煎至呈金黃色，起鍋備用。

3、烤箱預熱至 200℃，將雞腿皮朝上放入烤盤，撒上迷迭香葉，移入烤箱烤 15 分鐘即可。

清炒薑片絲瓜

絲瓜 1 條
薑片 5 片
鹽 1 小匙

1、絲瓜去皮縱切剖半，切約 1 公分厚半圓片。
2、鍋中加 2 大匙油燒熱，放入薑片炒香，下絲瓜
　片拌勻，改小火燜至軟，起鍋前加鹽調味即成。

歐姆蛋捲

雞蛋 4 個
紅、黃椒、
鮮香菇、小黃瓜、
洋蔥丁各 1 碗
鹽 1 小匙
胡椒粉適量

1、蛋打散備用（如果每個人都想
　自己捲，可以一次打一個蛋，
　捲入自己喜歡的餡料）。
2、平底鍋加少許油燒熱，放入喜歡的蔬
　菜丁拌炒，加鹽調味，炒至微軟盛起。
3、利用鍋裡剩下的油，倒入蛋汁快速攪拌數下，
　將炒好的蔬菜丁放在 1/3 處，30 秒後從有餡料
　這端開始捲起，盛盤後撒上少許胡椒粉提味。

金菇肉末薑絲湯

金針菇 1 包
細絞肉 300 克
嫩薑絲約 1/3 碗
鹽 1 小匙

1、將金針菇剝散，洗淨，切成四小段。
2、湯鍋加水 500 cc 煮滾，倒入細絞肉，用湯杓打
　散，撈去表面浮沫，再下嫩薑絲與金針菇段，
　轉小火煮 10 分鐘，起鍋前加鹽調味就完成了。

Column

我也可以～
四歲小孩的語言、認知、情緒發展和自理能力

手部運用	☐ 會像成人般拿筆
	☐ 會畫圓形和正方形
	☐ 開始學習以直線和橫線構成簡單線條
	☐ 會畫出有數個身體部位的人物（頭、四肢、眼睛、嘴巴）
	☐ 會嘗試用剪刀剪紙
語言能力	☐ 能聽從成人的日常指示（把衣物放到洗衣籃裡）
	☐ 愛聽簡單的故事，會要求重複地講
	☐ 常用的詞彙可達數百個之多
	☐ 能正確使用代名詞
	☐ 用簡單的句子表達自己的需求與感受
	☐ 開始與成人交談
	☐ 說話清楚，雖然有些字發音仍未正確，但陌生人也可以聽得懂
	☐ 會邊唱邊做動作
認知發展	☐ 喜歡發問「為什麼？誰？怎樣？」
	☐ 明白「量」的基本概念（大小、高矮、長短等）
	☐ 會說出幾個顏色
	☐ 可以數一到十，也可以正確地數三至四個物件
	☐ 開始對自己的日常活動有簡單的時間概念，對固定的事情有對應的時間關係

社交和情緒發展
☐ 愛玩假想遊戲和角色扮演
☐ 會和同伴玩合作性的遊戲
☐ 開始意識到自己的性別
☐ 較喜歡同性的玩伴
☐ 會控制自己的行為，遵守規則，輪流分享玩具
☐ 能察覺別人的感受，也可能會嘗試安撫玩伴
☐ 處於幻想期，可能會把不熟悉的影像當作可怕的怪物

自理能力
☐ 通常在晚上不會尿濕褲子
☐ 能熟練地用調羹吃東西
☐ 可以自行脫掉簡單的衣物，會解開衣鈕，但仍要他人幫忙
　把衣服穿好
☐ 會自行穿上不用綁鞋帶的鞋子
☐ 會自己洗手

◎參考資料來源：《嬰幼兒評量、評鑑及課程計畫系統 I - IV》Diane Bricker、Misti Waddell 編著（心理出版社）

Set 4.

小小孩。大廚師

期待。擔心。一線之間

不小心打翻了一碗湯麵後，任憑媽媽怎麼勸說，四歲的我再也不去上學了。現在回想起來，記憶中第一次上學那個星期，每到十點的點心時間，我就會莫名緊張起來，總擔心待會兒端出的餐點，會不會又是自己害怕吃的湯湯水水。記得每次在吃點心的時候，身旁的修女老師總會用眼睛到處巡視，看看哪個小朋友的碗裡沒有吃乾淨，那樣的氣氛讓已經忐忑不安的小孩更是手足無措，我想那碗湯麵就是那樣打翻的，事後老師的指責與同學的訕笑，讓我有了逃學的藉口。

　　常常想起這一段入學初體驗，如果那時有善體人意的老師、令人放鬆的用餐氣氛、賞心悅目的餐具、色香味兼具的餐點，每天的點心時間將會是件讓小孩期待的事。期待或擔心，有時只是一線之間。

　　和小孩一起準備餐點時，我常會和小孩聊聊東西美不美、香不香、好不好看的話題：

　　「這裡摘掉一些，吃起來更好吃。」

　　「等香味出來了，再把青菜一起放進來炒。」

　　「水滾了加點鹽巴，再把秋葵放到滾水裡汆燙。」

　　「等到要吃飯了，最後再撒上綠綠的葉子。」

　　「煮好了，要盛起來前再開大火，把湯變少些，看起來會更好吃喔！」

　　料理時，只要多一點火候，多一點用心，就可以把小孩的擔心變成期待。

夢幻的牛奶壺

　　我常想讓孩子在生活中自然地去感受美的事物，在規劃小小孩的用餐器皿時，免不了常會和朋友爭辯一些細節。

　　「老師用湯杓舀牛奶或豆漿給小孩比較快，大開口的湯桶會比較方便，老師照顧那麼多小孩，時間要抓緊。」我的朋友堅定的說。

　　「但是那樣不美。可以用水壺裝，

倒牛奶或豆漿也挺方便，不會花很多時間。」我想在實際的日常事件裡也加上一些美麗元素。

「供餐的枱面如果像飯店自助餐一樣，應該會增進大人、小孩的食慾。」我不改夢幻的說，總想在吃飯的細節上多加一些巧思，讓小小孩的餐廳也可以既實用又典雅。

小孩喜歡的餐盤造型與配色，除了卡通以及迪士尼之外，應該還有很多可能性，可以多些四季自然變換的色彩、太陽移動產生的光影、天然素材器皿呈現的不同手感，都是讓孩子體驗創造美感經驗的好元素。

美感需要從小培養與薰陶，就從生活中的小細節開始。我想，連盛湯的不鏽鋼湯桶也可以有美麗的線條與賞心悅目的質感。

小小孩也可以是大廚師

在帶小孩開始料理前，我會和孩子們聊聊今天要做的菜，食材的選擇、配色、烹調方式等，如果一頓飯同時用上煎、烤、蒸、燙、燉，爐具分配就不會有互相衝突的狀況發生。

「為什麼要用那麼多方法煮菜呢？」五歲的女孩好奇地問。

「如果五樣菜都用炒菜鍋，等到第五道煮好時，最早完成的會不會冷掉了呢？」我反問小孩，想讓大家先想一想。

「會呀！會冷掉，有些菜冷掉就不好吃了。」另一個小女生回答。

「做菜也是要有計畫，要動動腦。」小孩很開心的同意動動腦這個建議。

讓小孩預先了解做菜流程是件重要的事，在這個過程中我把時間的概念也帶了進來。

「烤洋蔥五十分鐘、燉湯四十分鐘、蒸魚十四分鐘、煎培根捲不含先前的包捲準備要五分鐘、燙青菜水滾後一分鐘撈起。」我順手拿起時鐘，說著的同時也把五十分鐘轉給五歲的小孩看。

「哇，五十分鐘好久咧！比一分鐘多好多！」比較後，五歲小孩有了時間長短的概念。

「所以，我們今天要當聰明的大廚師，先把洋蔥包好、烤箱預熱，接著準備燉湯、捲培根捲和蒸魚，要吃飯前再燙青菜就好了。」我輕鬆地說明等一下的計畫。

我常在做菜前會預想好時間規劃，怎麼樣的安排可以更順手，哪些步驟先處理能夠縮短食材製備的時間。

在廚房裡和孩子工作，有時會覺得自己挺像帶兵指揮作戰的大將軍，讓孩子事先知道操作的重點，流程順暢了，工作起來才不會手忙腳亂。

每次多加一點點

乾乾淨淨的開始，整整齊齊的結束，小小孩可以在過程中養成物歸原處的好習慣。料理與用餐過後的清理，小小孩也是絕佳的好幫手。

「水槽裡的菜葉、果皮收集起來，放到廚餘桶裡。」我常常一邊教小孩做菜，同時叮嚀著另一個順手清理。

「這裡有點水漬，拿抹布來擦乾淨。」在工作中也時常會這樣告訴孩子。

所有的事都可以套用一百分哲學，大人退後一點，小孩的分數就會拿多一點，孩子能力所及的事，就放手讓他們去完成。**剛開始教小孩收拾，需要把步驟說明得仔細一點，二歲小孩還不會擰乾抹布，可以由大人代勞，但擦拭細節還是可以和小小孩說清楚。**

「一塊抹布對折後再對折一次，這樣擦桌子弄髒了可以折過來，又有乾淨的一面可以用。」

面對大一點的孩子就多說些做事的方法與邏輯，「洗碗盤前先把菜渣刮下，集中倒入小豬桶，這樣清洗起來又快又好。」**每次的工作都多加入一點點的責任，廚房是小孩最好的生活教育場所。**

Activity

做菜前的好習慣

「濕、搓、沖、捧、擦」洗手五步驟，是做菜前的好習慣，越小的小孩越喜歡洗手，常常是樂此不疲，小孩對「水」有著天生的好感。

收拾 料理進行中隨時保持枱面、環境整潔
很重要。弄得滿是水花的枱面隨手擦
乾，切過的砧板、水槽裡的廢棄食材，
也可以教小孩收拾清理的技巧。料理
的前、中、後都有可以學習的事。

魚料理前部曲

在料理魚前，要仔細檢查魚鱗有沒有去乾淨，逆著魚鱗片生長的方向摸摸看，美味的清蒸魚最害怕不小心吃到魚鱗了。洗好擦乾之後，在魚身各劃上二刀，抹一點鹽巴，再把增加風味的破布子撒在上面。

檢查。是美味的關鍵

料理成品美味與否全在細節裡，切蘆
筍前先教小孩試試切口的手感，摸起
來粗粗的就要大膽捨去，檢查好再把
蘆筍切成三指寬，玉米筍洗乾淨對切。

捲起培根捲 把蘆筍與玉米筍整齊排在培根的一端，
捲起同時也讓小孩練習捲緊的手感，捲
得越扎實，煎出來的培根捲越美麗。

原味就是好滋味

沒有繁複的手工，簡
簡單單成就單純好味。
新鮮洋蔥去掉乾硬外
皮後表面滑溜，切洋
蔥時記得用一手固定
好，一手握刀劃上十
字就 OK 了！

汆燙。冰鎮。涼拌。龍鬚菜

龍鬚菜摘掉粗纖維，放入加了鹽的滾水中，一分鐘後撈起，立刻沖個冰水澡，瀝乾水分，拌入蒜片與一點點的橄欖油，就是清清爽爽的一道好菜。

廚房裡的遊戲 (快六歲大的孩子)

- ☐ 檢查魚鱗有沒有去乾淨
- ☐ 在魚身劃刀、抹上鹽巴
- ☐ 把破布子撒在魚身上面
- ☐ 檢查蘆筍切口，摘去纖維較粗的一段
- ☐ 練習捲培根捲，用牙籤插入固定
- ☐ 剝去洋蔥乾硬外皮，在表面劃上十字刀
- ☐ 幫龍鬚菜沖冰水澡
- ☐ 把汆燙的食材撈出瀝乾
- ☐ 用削皮刀幫馬鈴薯、紅蘿蔔去皮
- ☐ 將煮好的食物放進餐碗和餐盤
- ☐ 利用瀝水籃洗菜，瀝去多餘的水分

Memo │ 今日任務

清蒸馬頭魚
蘆筍培根捲
烤洋蔥
涼拌龍鬚菜
馬鈴薯燉湯

清蒸馬頭魚

馬頭魚 1 尾
（或其他新鮮當令的魚）
鹽 1 大匙
破布子少許
（不加也沒關係）
蔥絲、薑絲、
辣椒絲 1/2 杯

1、馬頭魚洗淨拭乾，魚身各劃二刀，抹鹽，裝盤，撒上破布子。
2、蒸籠加水煮滾，將魚連盤一起放進去，以中火蒸 14 分鐘取出，放上蔥絲、薑絲和辣椒絲，再燒熱 2 大匙油淋上即可。

蘆筍培根捲

新鮮蘆筍 1 把
（大小都可）
玉米筍 1 盒
培根 1 包
牙籤數根
胡椒粉少許

1、蘆筍摘去硬纖維，切 3 公分小段；玉米筍對半切。
2、培根取出鋪平，一端放上 3、4 段蘆筍、玉米筍後捲起，用牙籤固定住。
3、燒熱平底鍋，將培根捲入鍋煎至兩面金黃，盛出擺盤，抽掉牙籤，撒上胡椒粉即成。

烤洋蔥

洋蔥 2 個
（小一點較好）
鹽 2 小匙
橄欖油少許
錫箔紙 2 張

1、洋蔥剝去乾硬外皮，從上劃十字刀，在刀口內撒鹽巴，再淋上橄欖油。
2、用錫箔紙將洋蔥包好，放入預熱至 250℃的烤箱烤 50 分鐘。

涼拌龍鬚菜

龍鬚菜 1 把
鹽 2 小匙
冰水 600 cc
橄欖油、蒜片少許

1、龍鬚菜摘去硬纖維，用清水洗淨，切成 3 公分小段。
2、燒一鍋滾水，加入鹽巴，將龍鬚菜入鍋汆燙 1 分鐘，撈出瀝乾，放入冰水裡，撈起後拌入橄欖油與蒜片即可。

馬鈴薯燉湯

排骨半斤
馬鈴薯 1 個
胡蘿蔔 1 個
薑片 5 片
蛤蜊 5 個
鹽 2 小匙
胡椒粉少許
香菜少許

1、排骨汆燙去血水；馬鈴薯、胡蘿蔔去皮，切滾刀塊；蛤蜊、香菜洗淨備用。
2、取一湯鍋加水 1000 cc，倒入排骨、馬鈴薯塊和胡蘿蔔塊大火煮滾，轉小火燉 40 分鐘。
3、起鍋前加入薑片和蛤蜊煮至開口，以鹽、胡椒粉調味，食用時再撒一點香菜提味。

Column

我也可以～
五～六歲小孩的語言、認知、情緒發展和自理能力

手部運用	
	□ 會用積木砌出較複雜的模型
	□ 填色時通常不會越線
	□ 可以畫出較細緻的人物（頭部、眼睛、鼻子、嘴巴、軀幹和四肢）
	□ 會寫出簡單的數字和中文字
	□ 會用剪刀和膠水做簡單的剪貼手工

語言能力	
	□ 說話清楚流暢，能運用成人的句子結構和文法
	□ 與別人對話時，會做出與話題相符的回應
	□ 懂得回答自己的姓名、年齡和住址
	□ 會複述剛聽過的故事片段
	□ 可以有條理地描述最近發生的事情
	□ 愛聽笑話，也愛猜謎語

認知發展	
	□ 注意力更佳，能自己完成工作
	□ 聽到新的字詞會想知道它們的意思
	□ 懂得十以內的加減運算
	□ 能說出最少十種顏色
	□ 明白基本的時間概念，如上午下午、今天明天、平日假日
	□ 開始對事物做出推斷，但無法同時考慮多個可能因素

社交和情緒發展	☐ 懂得控制自己的情緒和遵守社群守則，例如：用說話表達自己的需求、會分享玩具、請求批准、歸還所借物件等
	☐ 開始明白和詢問別人的想法與感受，也可能會嘗試隱藏自己的想法與感受
	☐ 會參與需要輪流和遵守規則的小組遊戲，大部分時間都可與玩伴互相配合
	☐ 喜歡和朋友玩扮演遊戲，如父母、警察、超人等
	☐ 能說出多個同學的名字，會選擇喜歡的玩伴
	☐ 不想自己有異於同伴
	☐ 會察覺到男女之間的角色及身體上的差異
	☐ 懂得分辨幻想和現實
自理能力	☐ 學習使用筷子
	☐ 會自己洗臉和刷牙

◎參考資料來源：《嬰幼兒評量、評鑑及課程計畫系統 I - IV》Diane Bricker、Misti Waddell 編著（心理出版社）

Part - 2

食育。潛移默化

Food education · imperceptibly influence
in the power of granting

想念 阿嬤的家鄉味
喜歡 路邊的野味菜

這些年
經歷四季的變化,春夏又秋冬
成了孩子轉變的自然教育

這些年
靜靜的埋下種子
那是你我之間一輩子的事

Set 5.

節氣。節慶

農民曆裡藏智慧

　　端午節將近，但這些日子以來天氣一直是細雨綿綿，乍寒還暖，突然想起小時候讀到「未吃端午粽，寒衣不可送；吃了端午粽，還要凍三凍」的諺語。

　　農民曆上寫著：「端陽有雨是豐年，芒種逢雷美亦然，夏至風從西北起，瓜蔬園內受煎熬。」對照最近的天氣，這農忙節氣的諺語還真是預報準確。在市區小巷裡有家烏骨雞補湯專賣店，總在端午節那天開始放長假，直到來年中秋節才又開門為客人埋鍋熬湯，作息正是依著節氣來安排呢。

「什麼是節氣？」五歲小孩不理解的問著。

「以前的人沒有電視，也沒有氣象預報，他們用很長的時間觀察天氣變化，然後做的記錄。」我慢慢的說著。

「那節氣要用來做什麼呢？」小孩好奇的問。

「以前的人都要耕種，而耕種完全是看天吃飯，他們看節氣決定適合種些什麼，也要依照天氣變化安排澆水、施肥的時間啊！」我說，「而且古時候沒有時鐘，有人發現每天太陽會在同一時間照在一樣的地方，就發明了立竿子看影子長短的方法計算時間。」

我試著用小孩可以理解的經驗解釋。

「後來又發現，每天中午看到的竿影不一樣，會從最長到最短，又從最短到最長，竿影最長那天就是『夏至』，最短的那天就是『冬至』。」我在紙上畫出了一個長長的影子，和一個短短的影子。

「冬至要吃湯圓，吃了湯圓我就多一歲。」小男生搶著說。對於節氣對應的習俗美食，小孩顯得興趣濃厚。

「我阿嬤說立冬要進補，這樣一年身體都會很好。」小女生也搶著說。

「我知道，端午節要吃粽子，我最喜歡吃粽子了。」孩子們開心的聊著自己對於節氣和節慶的相關經驗。

對小小孩來說，節氣產生的美好過節氣氛，印象十分深刻。跟著大人搓過湯圓、滾過元宵、包過粽子的小孩，非常興奮地告訴大家過節的細節。

看著院子裡的野薑花因最近水氣充

足而枝葉茂盛，再沒幾天就端午節了，我們就利用野薑花清香的葉子搭配糯米香，包些野薑花粽過端午吧！

淡淡的香氣滲入到餡料裡，化解了粽子的油膩感。葉面不大的野薑花葉，包出來的迷你版粽子可愛極了，小孩輕輕鬆鬆就可以吃上二個，還意猶未盡呢！

渲染過的糯米香

園內池塘邊有一叢野薑花，每天喝著流經池塘的水，長得特別茂盛，每次經過伸手摸一摸，碰觸過葉子的手，會留下特殊的香氣，那味道聞起來讓人有放鬆度假的氛圍。

我喜歡有野薑花葉渲染過的糯米香，

「來，把糯米洗乾淨，米洗好還要泡在水裡三小時。」二歲小男孩喜歡可以玩水的工作，之前的洗米經驗，讓小男孩更能駕馭洗米的力道，會小心不讓米粒撒出來，也能把量杯裡的水準確地倒入大碗。

「拿起二片葉片交疊在一起，一端往裡圈成冰淇淋杯的形狀，左手把杯子捏

緊，再把炒好的糯米料放進來，放到和杯子一樣滿就可以了。」五歲小男孩認真地看著我的示範。

「像這樣嗎？」五歲小男孩自己圈了一個野薑花杯子問我。

「對，就是這樣。把米蓋起來的時候，注意二個尖尖的角要捏好，再把多的葉子轉過去，用繩子綁緊就好了。」

我看著小男孩兩手包著粽子，再提醒一次重點。

「我也要包。」二歲的弟弟在一旁也想試試。

我讓小小孩自己拿了二片葉子，練習折成粽子的樣子。看他小心翼翼的在杯子裡放入二匙糯米，心裡頓時感動了起來，原來**想學、想做、想試試看的心，是不分年齡的。**

傍晚時分，我走在校園裡，背後傳來小男孩的聲音。

「可以幫我找繩子嗎？」五歲小男孩手裡捏著綠色小粽子期待的說。

「哇！你自己做的野薑花粽子，真美！」我驚訝的說，接著好奇地問小男孩，「裡面包的是什麼呢？」

「就是樹下的泥土、小石頭呀，我在教我的朋友包粽子呢！」五歲小男孩開心的說。

「我們發現那裡有野薑花葉，」小手指著池塘方向，如獲至寶，「然後，我就想教大家包粽子，現在只要有繩子就可以完成了。」小男孩再一次的說。

夕陽下，五歲男孩手裡拿著綠色小粽子，斜照的光線拉長了男孩地上的影子，那畫面美極了。

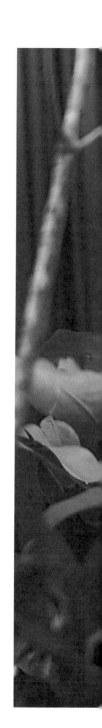

曇花一現燉清湯

大雨後，種在院子裡的曇花結了九個花苞，小小的花苞剛掛上葉片時是朝下長的，觀察了幾次的花期後發現，開花前一週花苞會開始向上生長，待花苞變得圓潤飽滿時，就是綻放的時間到了。

曇花，又稱為韋陀花，許多人也稱它為花神，這別名的由來是因為曇花有個美麗的小故事：傳說在天國有個花仙子因愛上了一位叫做韋陀的年輕人，受到玉帝的責罰，讓花朵只能短暫的開放，花仙子就盡全力將所有的香味集中在這曇花一現的短暫時間裡，期待韋陀還能認得她。雖是傳說中的故事，但也道盡了曇花一現的極其美麗。

深夜時分我將曇花綻放的相片與朋友分享，卻不經意地勾起她兒時的回憶，「想起小時候，全家聚在一起等待曇花一現的時刻，大家都屏氣凝神的看著花兒慢慢開展，那種興奮莫名的情緒，真令人懷念。」朋友說。

「媽媽會在隔天清晨將花摘下，趁鮮燉一鍋曇花釀，甜湯裡透著花香，真是簡單好味。」我也分享著記憶中的美好味道。

夜深人靜，曇花就這樣安靜的在瞬間綻放。此時此刻，花香四溢，美麗的花苞昂起頭，盡情的抓住片刻，毫不保留地散發生命的美好。明天一早，我想在吐盡芬芳後的曇花前，給孩子說一個關於花仙子的故事。

○
Activity

院子角落的野薑花葉

家裡院子轉角樟樹底下也有一叢野薑花，是我的私房採集地點，每回經過時
總會多望一眼，看野薑花的葉子是否又長大一些。我最喜歡野薑花葉子散發
的一股清香，端午時節總等到要包粽子前再剪回來清洗，這樣的鮮採葉片包
出來的粽子最美味。

Tip 摘葉子這樣的工作很適合讓小小孩完成，拉回的枝葉在後院一片一片的剪下。二
歲的小孩可以負責刷洗葉面，這也是小孩最喜愛的工作。

需要喝飽水的糯米 在準備粽子材料前，就把糯米洗好泡在水裡。已有洗米經驗的二歲小孩，在洗糯米時已經不像第一次洗米，把水和米濺得到處都是，倒水時也可以控制得很好。

Tip 糯米需要浸泡大約三小時，經過長時間吸收水分，把細胞壁脹破，黏性成分釋出，粽子口感就會黏軟；如果洗好米就立刻包，沒讓糯米吸飽水，釋出黏性成分，煮再久米粒還是硬硬的，粽子就不會好吃。

準備粽子材料 粽子裡包些什麼？每家都有自己的獨門配方，我喜歡把所有餡料都炒香，拌上油蔥酥、胡椒粉和醬油，再把泡好的糯米加入拌炒，這樣包好的粽子用水煮上四十分鐘，糯米會吸入餡料的精華，變得滑潤可口，粽料與糯米會完全的融合在一起。

【香　菇】如果是要切成小丁，就沒有必要買大朵香菇。香菇同樣要吸足水分，這個工作也適合小小孩來幫忙。

【豆　干】豆干切丁需要一些技巧，直接切丁會顆粒太大，若要呈現比較細緻的粽子外觀，豆干要先片開，再切成小丁。五歲的小男生有過廚房料理經驗，切丁的工作難不倒他，但片豆干需要一點大人協助。

【蘿蔔乾】蘿蔔乾也一樣切小丁，使用前要泡一下水，每批買回的鹹度都不同，要先嘗看看才能決定泡水的時間。

開火炒餡料

炒料的先後順序會影響香氣口感，
先放不容易吸收油脂的豆干丁，炒
出豆子的香氣就可盛起；再依序放
入香菇丁、蝦米、蘿蔔乾丁，炒
出香味後盛起備用。最後炒的是絞
肉，再把所有材料倒回鍋裡，連同
糯米拌勻就完成了。

Tip 食材的香氣是料理的靈魂，粽子
好吃的關鍵就是香氣和糯米的彈
性了。在和孩子準備餡料時，我
也會告訴小孩這樣做的理由。

綠色的葉子冰淇淋捲

把二片野薑花葉合在一起,彎成一個冰淇淋杯,
再把炒好的米放進來,上面的葉子折下來,多的
包到後面,然後用棉繩綁好。二個小小孩目不轉
睛的看著,很想試試讓自己手上的冰淇淋捲也變
成好看的粽子。

Tip 二歲小男孩也想試包個小粽子,我讓他自己包
了一個,但因為手握得不夠緊,糯米像下雨一
樣一直掉下來,我用手在底下接著,想讓二歲
孩子盡情完成他生命中的第一顆粽子。

午夜裡的花仙子

夜裡綻放的曇花在第二天一早摘下，不要水洗，趁鮮裝入袋中，壓出空氣封口，放入冰箱冷藏可保鮮七天，冷凍可保存三個月，烹煮前不需解凍，只要用清水稍微沖洗，就可以直接入菜。曇花除了可以燉排骨外，還可以和香菇一起燉雞湯，做成甜品也非常可口，只要把曇花放入加了冰糖的滾水裡二分鐘，就可以盛起食用。曇花遇熱會產生黏液，滑滑的曇花吃起來有點像燕窩呢！

Tip 讓小小孩知道，有些食材烹調時不需要經過解凍，大部分可以冷凍的蔬果都較適合直接烹調。低溫會破壞蔬果組織，回溫動作會讓蔬果變成軟軟爛爛的，善用食材對溫度產生的物理變化，有時也可以巧妙的減少烹調時間。

廚房裡的遊戲

☐ 刷洗粽葉，清除野薑花葉上的絨毛，使用剪刀修整葉片形狀

☐ 認識糯米、香菇、蘿蔔乾等需要泡水的食材並理解泡水原因

☐ 不同食材切丁練習

　（不同質地，手感也不同，豆干丁最容易，香菇、蘿蔔乾切丁需要用到下壓與拉的力量，較適合大一點的孩子）

☐ 認識豆干、香菇、蝦米、蘿蔔乾和絞肉等食材下鍋順序，分辨不同食材的吸油程度

☐ 葉子包裹練習

　（粽子形狀沒有一定的限制，傳統三角、方便四方、長筒狀，都可以和孩子一起試試）

☐ 可冰凍食材與不可冰凍食材的分辨，理解烹調前需要解凍與不需解凍的原因

Memo ｜今日任務

野薑花粽

吻仔魚莧菜

曇花排骨湯

野薑花粽（約 1 串 10 顆）

A：
豆干丁 1 碗
香菇丁、蝦米、
蘿蔔乾丁各 1/2 碗
絞肉 1 碗
胡椒粉少許
鹽 1 大匙
醬油 3 大匙
油蔥酥 1/2 碗
B：
干香肉燥適量
糯米 3 斤
野薑花葉 20 片

1、野薑花葉洗淨，瀝乾備用；糯米洗淨，泡水三小時，瀝去水分。

2、起油鍋，依序炒香豆干丁、香菇丁、蝦米、蘿蔔乾丁，盛出備用。

3、絞肉入鍋炒出香氣，再倒回 2 料，下油蔥酥拌炒，加醬油、胡椒粉調味，即成「干香肉燥」。

4、將炒好的干香肉燥與糯米拌勻，包入野薑花葉，用棉繩綁緊。

5、準備大鍋，煮滾水，放入野薑花粽，煮 40 分鐘後，取出，掛起放涼。

【Point】干香肉燥可以一次多做些，冷凍保鮮當常備菜使用，只要加點變化就能讓料理更輕鬆。

吻仔魚莧菜

莧菜 1 把
（大小都可）
吻仔魚 1/4 碗
鹽少許
蒜片少許

1、莧菜摘去硬纖維，洗淨，切 3 公分小段。
2、炒鍋加少許油燒熱，爆香蒜片，放入吻仔魚炒出
　 香味，將吻仔魚盛起備用。
3、利用鍋裡餘油下莧菜拌炒，至菜軟後加鹽調味盛
　 盤，再把炒好的吻仔魚放上即可。

【Point】將炒過的吻仔魚先盛起後置於莧菜上，成
　　　　 品可以呈現乾淨質感，只要多一些巧思，
　　　　 家常菜也可以有不同風貌。

曇花排骨湯

曇花 1 朵
排骨 300 克
薑片少許
鹽 1 小匙

1、曇花洗淨備用。
2、排骨汆燙去血水，放入薑片，
　 加水煮滾，改小火燉 30 分
　 鐘。
3、加入曇花，小火煮滾 5 分鐘，
　 起鍋前加鹽調味就完成了。

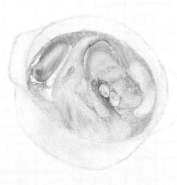

Set 6.

尋找。蒲公英

隨手可得的野菜

在二十四節氣裡記載著「清明穀雨，十夜八雨」，對照最近的蔬菜價格，還真是佩服前人的智慧。

「小黃瓜今天買最划算了，最近的雨下不停，小黃瓜開的花都被打壞，下星期採的會很貴喔！」菜市場的小販說。

「為什麼下雨，蔬菜會變貴？」

「是雨下太久又太大，太陽一直被雲遮住，光線不足嗎？」四歲小孩好奇的問。

「小黃瓜要先開花，等蜜蜂幫忙結婚後，才會結果子生出小黃瓜。」我說。

「是雨太大，花掉下來就死掉了，就沒有小孩了。」另一個小孩下結論。

「有些只吃葉子不吃果實的蔬菜也是怕下大雨，雨太大會把葉子打壞，不好看就賣不出去了。當菜市場沒有菜可以買或太貴的時候，有些長在路邊、草地、山坡上的野菜可以摘來吃，改天我們來尋寶吧！」我說。

市場菜價受天候的影響上下起伏，在下雨或颱風過後的時節，最省錢的做法就是把野菜端上桌。

台灣各地隨處可見攀爬在圍牆的川七、長在潮濕山腳的山蘇、會長成喬木的刺蔥，以及公園路邊草地都可發現的昭和草、蒲公英、龍葵（烏甜仔菜），這些常見的原生種野菜，在市場蔬菜供貨量少時是很好的替代品。

帶著小小孩尋覓草地裡的野菜，在採集的同時也學習認識大自然，野地裡的野菜各有不同的採摘期，在找尋的過程中，孩子對季節的交替更迭會更敏銳，親子一起聆聽大自然的四季風光，享受生活裡的處處智慧！

牽著小手在角落裡尋寶

川七是一種落葵科的蔓藤類植物，家附近的圍牆、柵欄、大樹幹常可看到川七纏繞在上面。

「川七會生小孩嗎？」四歲小孩延續著小黃瓜結果的記憶發問。

「川七會開花，但不會結果子。你看，這些葉子中間有一球球像花生一樣的東西，這個叫做莖塊，」小孩湊過身細看。「我們把它摘下來，放在土裡，就會長出新的一株川七。」我摘下一個莖塊拿給孩子們觀察。

「嗯～～有一點泥土的味道。它可以

「每片葉子都可以要嗎？有些黃黃的
咃！」小孩有些質疑的說著。

「上面有蟲咬過或是看起來乾乾黃黃
的就不要了，我們剪看起來厚厚美美的
就好。」面對這一大叢川七，真的可以
精挑細選，一點都不覺心疼。**我和孩子
們邊摘菜葉邊談天，我喜歡這樣的學習
氛圍，自然而然沒有刻意與做作，在孩
子的心裡不留痕跡地埋下種子。**

野地裡的蒲公英

公園野地裡常見的昭和草，是菊科多
年生草本植物，開著小小的燈籠花，長
相平凡，常讓人忽視它的存在。當我帶
著孩子在公園裡尋找時，很容易就可以
看見昭和草的蹤跡。

「這真的可以吃嗎？」小孩拔起一株
昭和草疑惑的問。

「吃吃看是什麼味道？」我鼓勵小孩
嘗嘗看。**給些空間讓小孩去體驗，大人
不需要每次都得立刻回答。**

「嗯～有點像吃火鍋的茼蒿ㄟ！」小
孩當中總有人會想要先試試，迫不及待
地分享著。

「這裡有蒲公英咃！」

二歲小女生對有白色絨絨球的蒲公英

吃嗎？」四歲小男生關心的問著。

「可以啊！烤個二分鐘，撒些胡椒鹽
很好吃呢！」我想起之前的美好滋味，
烤過的川七莖塊很像大花生。川七的葉
片摸起來有厚實感，爆香黑麻油後，把
川七、薑絲放入拌炒數下，加點枸杞，
這一盤美麗的野菜富含水溶性纖維，炒
過會有一點黏稠感，對咀嚼能力不夠好
的小小孩與老人都是很好的一道菜。

有著莫名好感，摘下一朵對著花兒吹呀吹，白白的絨毛被吹起飛揚。

「我還要吹蒲公英花。」二歲小女孩一臉企盼的說。

「那我們一起找找看，葉子有點像長長的湯匙，會平鋪靠在地面上，葉子邊邊有一點點裂裂的。」我們邊說邊找，但這初夏時節要在草地找到開花的蒲公英真是不太容易。冬末初春，蒲公英會抽花莖，剛開的花是亮黃色的，果實成熟後才會形成白色絨球，變成一朵蒲公英傘。這時候要找到過季的蒲公英花，還真得碰碰運氣呢！

「找找看」、「吃吃看」、「聞聞看」，在與小小孩做著料理工作時，這些話常會掛在嘴邊，越小的孩子越容易受到鼓勵去嚐鮮。記得多年前與三歲小孩坐著

閒聊，順手摘了一片九層塔葉子，涼風吹拂的傍晚聞著香香的九層塔，心想應該讓我的三歲朋友也享受這樣的愜意，便轉手把葉子交給了我的好朋友。

「妳聞聞看，這是什麼味道？」我說。

「嗯～～～～」小女孩拉長聲音陶醉的說，「有ㄌㄚˊㄚˋ的味道。」

「什麼？妳說什麼味道？」我有些驚訝小孩的連結，所以又再問了一次。

「嗯～～」小女生想了一下，「是蛤蜊的味道。」有點小聲地再說了一次。

小女孩把九層塔和蛤蜊的味道深深地連結在一起，真是個可愛的回答，這麼多年後，每當請小孩聞聞看食材氣味時，我總會想起這一段可愛的往事。

一個剛剛好的期待

市場以外的食材來源不只是野外採集，還可以從花草市集買回的香草盆栽、自家陽台開墾的小菜園裡源源不絕

的生產。化身居家小農和小小農，把自己澆水、施肥的成果端上餐桌，是件很有趣又有成就感的事喔！

外出尋寶前可以先讓孩子透過圖鑑，認識戶外公園或林間小道常見的野菜，有哪些可以摘來做料理？家裡的小陽台可以種哪些香草？菜市場買回的食材有哪些可以種成盆栽？當孩子挖到寶時，那種成就與喜悅會更加倍！

「看到綠色的蔥這段白色長根的地方嗎？我們把它切下三根手指長，插在有水的玻璃杯中，然後放在太陽照得到的地方，大蔥就可以長起來哦！」

我拿起青蔥切下一段，請小孩接著之後的步驟。

「那要長幾天呢？」小孩興趣濃厚地問著。

「三到五天就可以看到長高了。」我笑著說。

給小小孩剛剛好的期待，發出小蔥的三到五天最合適了。在小小孩印象深刻的時候，看到一點成果，看到小綠苗冒出頭的感動，是支持下去的重要力量。**自己親自照顧的小植物，對小小孩有著莫名的親切感，用這個方法讓小小孩接受新的食物再好不過了。**

「這個可以種嗎？」二歲小男生拿起一顆大蒜問著。

「可以呀！你看，有時候放太久發芽的大蒜，用小盤裝一點點水，把發芽的大蒜放在上面，就會長成大蒜苗呢！」我拿起一顆已經抽出小芽的蒜頭給孩子觀察。

「紅蘿蔔的根部放在淺淺的水盆，幾天後也會長出小苗哦！」

「我們下次吃生菜沙拉，可以放這個新鮮的小葉子試試。」

「可以呀」、「試試看」、「想一想」、「沒關係」是我們在廚房裡常用的話語，這樣的語氣比較能夠鼓勵小小孩嘗試新的工作，從小養成主動思考學習的好習慣，慢慢在生活中遇到新的事件也會應用舉一反三的連結能力。

轉角的尋寶

散步的時候發現一條川七小徑，
五歲小男孩牽起二歲弟弟，拿
著竹籃循著路徑走去，一會兒
工夫就採滿了一大籃，會攀藤
的川七常藏在樹籬裡、灌木叢
邊，仔細找找就會發現蹤跡。

冰箱裡沒有青菜時，轉角的川七
就是最好的急救包，教會小孩辨
認川七的方法，就可派給小孩這
個緊急任務。

牽著你的手。要慢慢走

【陡陡的樓梯，我要自己走】

提著竹籃，牽起小手，走下長長陡陡的樓梯，一群小孩與小小孩也要去找川七。不到二歲的男孩喜歡自己走，扶著下層欄杆一步步向下走，陰暗小徑裡的欄杆上有些青苔，小小孩問說：「這是什麼？」我答：「這是青苔。」走幾步小孩又問：「這是什麼？」我有點草率的回答「是螞蟻」。「不是螞蟻，」小小孩肯定的說，「這是毛毛蟲。」我蹲了下來，從小小孩的角度向上看，扶手下方真的有隻毛毛蟲呢！

Tip 快二歲的小孩開始喜歡自己完成許多事情，當孩子沒有要求幫忙時，就讓小小孩自己試試看，長長陡陡的樓梯也可以讓孩子練習走。有時大人會不經意草率回答小小孩的問題，在被糾正的同時，我想小小孩的疑問句只是聊天的一種方式，小小的孩子心裡其實什麼都知道！

【我想要幫忙】

二歲小女生很喜歡幫忙，常把「我想要幫忙」掛在嘴邊，美麗心型的川七葉子吸引了小女生的目光，一路上堅持著「我要自己剪」。拉出一條長長的川七藤蔓，滿足了小小孩的心願。

【小小的分心。小小的開心】

大風吹落了原來在葉子上的毛蟲，小小孩發現了駐足觀察，「是毛毛蟲呦」、「毛毛蟲在走路」、「是毬果，好多毬果」、「這是玉米毬果」，短短的一段路，有著很多小小的分心，小小的開心。

Tip 帶著小小孩散步，放慢腳步，會發現許多不同樂趣，地面上的昆蟲與落果，就是一個小小遊樂世界。

尋找草地裡的蒲公英

【出發】

戴上帽子，拿著小藤籃，
要到草地裡尋寶。

【過季的昭和草】

過了雨季，剛割過的草地
很難發現昭和草，印象裡
的常見野菜，原來也是有
它對的季節。

【發現了一株蒲公英】
草地裡發現一株蒲公英，幸運地還剩下一小叢白色絨毛，二歲小女生開心地吹著，想要種子飛到好遠好遠的地方。

【甜甜的朱槿花】
樹籬上的朱槿開了很多紅色的大花，甜甜的蜜汁是草地裡免費的天然點心。

【毛毛蟲也要吃飽】
小小孩發現了正在過馬路的毛毛蟲，二歲小男生說：「有毛毛蟲吔！」二歲小女生說：「我要餵毛毛蟲吃飯，毛毛蟲也要吃飽。」

【蜻蜓喜歡大花嗎？】
剪下三株正在開花的射干，小女生說：「蜻蜓會喜歡嗎？」「我想蜻蜓也要吃飽。」

香椿野味

「雨前椿芽嫩如絲，雨後椿芽如木質」，香椿最好的賞味期間是在二十四節氣的穀雨前後，過了穀雨，椿芽的口感相對遜色。幼嫩葉子鮮綠中帶點紅色，葉脈細緻最為美味。

隨手栽種的蘿蔔小苗

切下的紅、白蘿蔔頭放在淺水盤裡，過二天就會抽出小小的嫩芽，摘下的嫩葉很適合拌入生菜沙拉裡。

廚房裡的遊戲

☐ 認識常見的野菜
☐ 知道野菜生長環境與簡單的烹煮方式
☐ 理解常見野菜的最佳採摘季節
☐ 香草小盆栽的培育體驗
☐ 試種切下的根莖塊
☐ 定時的灌溉任務

Memo │ 今日任務

炒山蘇

香椿蛋

麻油川七

炒山蘇

山蘇 1 把
蒜片少許
黑豆豉 1 大匙
小魚乾 2 大匙

1、山蘇洗淨，摘去硬纖維，切成 3 公分小段。
2、鍋內加 2 大匙油燒熱，爆香蒜片、黑豆豉，放入小魚乾炒出香氣後，下山蘇大火炒至葉片變軟即可。

香椿蛋

香椿嫩葉少許
雞蛋 4 個
醬油 1 小匙
鹽、胡椒粉各少許

1、剪下香椿嫩葉洗淨，蛋打散備用。
2、混合香椿葉和蛋汁，加入醬油增色，以少許鹽、胡椒粉調味。
3、起油鍋，倒入香椿蛋汁，二面煎黃即可。

麻油川七

川七 300 克
薑絲少許
鹽 2 小匙
黑麻油少許

1、川七洗淨，瀝乾水分。
2、黑麻油入鍋爆香薑絲，待聞到香氣時加入川七，將葉片炒軟，最後加鹽調味即可。

Column 牽著小小孩去尋找野菜蹤跡

　　牽著小小孩到戶外採集野菜，拉起攀在圍欄上的川七正要剪下時，聽到二歲小女孩堅定的說：「我要自己剪。」我帶著些許的猶豫蹲了下來，把手上有些大、刀口顯得較鋒利的剪刀，慢慢地交給了小女孩。

　　出發前沒想過要讓二歲小孩自己剪，所以我帶的不是小剪刀，在把剪刀交給小小孩的同時，一邊殷殷交代著：「要小心哦！」

　　當小手握著大剪刀成功剪下一串川七時，小小孩開心極了！好用的工具讓小孩一次就成功。

　　在遊戲中總有些時候會出現事前沒有想到的狀況，只要能夠注意安全，不妨讓孩子試試看。在使用較銳利的工具時，大人的眼睛得隨時保持警覺，並提醒小孩該注意的事項，偶爾的大膽嘗試也是不錯的體驗。

　　對野菜料理有興趣，想多認識一些野地裡的寶藏，可以參考《野菜美食家》（簡錦玲，天下文化）、《台灣新野菜主義》（吳雪月，天下文化），知道多一些料理變化與生長季節，輕鬆和孩子一起享受自然野食原味。

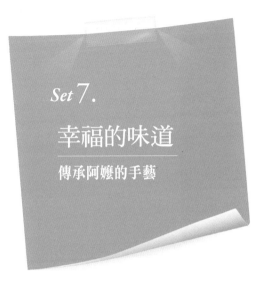

Set 7.
幸福的味道
傳承阿嬤的手藝

　　總會懷念起實木的板凳餐桌上，有些裂口的碗公裡，裝著不起眼卻令人回味無窮的外婆拿手菜，每當有機會吃到相似的料理風味時，就會想起那時的簡單幸福。

　　一位手藝很好的朋友，很會做些道地的老味道。「妳怎麼可以做出這麼多古早味料理？」吃了一口當季的冬瓜排骨後，我十分佩服的說著。

「沒什麼丫，小時候爸媽工作忙，一年之中只有除夕會休息，我都要在家幫忙阿嬤做飯，看著看著就會了。」好友平淡的說，「那個時候家裡很窮，什麼都要自己種，自己做，我逢年過節最忙了，上小學前就要做家事，我手腳快就是這樣訓練出來的。」

我的朋友真的很會做事，有時得空一起帶著小小孩做料理，細微的步驟都可以準備周詳，讓整個流程順暢很多。

「小時候的記憶裡，古早味的料理超級多，但我最想念阿嬤煮的鹹冬瓜蒸肉。」

好友回憶起跟著阿嬤做菜的點滴。

「我跟妳說，我阿嬤做菜都有撇步，她說要加蒜頭跟米酒去除腥味，最特別的是還要加醬油。我覺得鹹冬瓜已經夠鹹了，為什麼還要加醬油？我阿嬤說：

『因為這樣看起來卡水啦！』」好友認真的說著。

「吃起來特別甘甜，一點都不死鹹，就只是加蒜頭、米酒、醬油，我真的很佩服我阿嬤。」好友帶著崇拜口氣提起阿嬤的家傳料理，「色香味俱全，使蒸肉顏色看起來更漂亮。雖然是道簡單料理，但用的鹹冬瓜可是阿嬤依照古早傳統做法醃製而成的……」

我們阿嬤那個年代都是靠真本事做料理，常常只是很簡單的調味，就讓這道簡單的料理，成為我們記憶裡雋永而美好的香氣。我和小小孩做菜時，常會記起自己小時候像這樣的簡單感動，或許這個單純、美好的味道，也會在未來的某天帶給孩子需要的安慰。

滲入記憶中的好味道

「我小時候過節可好玩了，整天會跟在外婆的身邊，期待著大蒸籠裡又要變出什麼來。」聊起童年的美味，突然腦海裡出現許多古早味糕點的畫面，好像連香味都聞到了呢！

「我也是阿嬤的跟屁蟲，阿嬤總是很忙，不是包粽子、鹼粽，就是炊蘿蔔糕、芋頭糕、芋頭巧、韭菜糕、紅龜粿、年糕等等，阿嬤的才藝好多喔！什麼都會自己做。」好友也陷入美食的回憶。

「但是我阿嬤有很多堅持，比如說鹼粽一定要用新鮮竹葉包，再拿用藺草自己編的繩子去綁，因為這樣才會有竹葉的香味。」好友認真介紹阿嬤的包粽秘方，說著眼睛都亮了起來。「今年端午節跟媽媽用這種方法包鹼粽，真的超級好吃！」

用新鮮竹葉包的粽子，經過水煮後，竹葉散發的香味跟鹼粽結合，這真的是絕配！鹼粽一點都不會苦，放涼後帶有濃郁的竹葉香，和買現成竹葉煮出來味

道真的不一樣。

那天和小小孩一起包野薑花粽，新鮮的野薑花葉也有相同作用，煮出的綠色汁液將野薑花香完全滲進糯米心，開心地吃著野薑花粽的小小孩，長大後再度嘗到這野薑花粽時，應該也會勾起那時和大人一起度過的美好回憶，就像許多年前外婆和我度過的一樣，令人溫暖的時光。

學起來，總是有用

「有次跟阿嬤去菜園拔大蒜，阿嬤告訴我說：『妳看大蒜長這樣，葉子對稱的長，所以洗大蒜不能只是順著洗，這樣一定洗不乾淨，一定要逆向洗才會乾淨。』」

好友順手拿起一顆大蒜示範。

「所以現在洗大蒜的時候，我都會想起阿嬤說的話，她總是說以後長大不管

要不要用到，只要妳學會了就是得到，總有一天會有用的。」好友懷念的說著。

隨口的話語，有時比正式上課來得更能鑽入人的記憶裡，現在我也常會在閒談中，把有關食材清洗和挑選的方法這樣告訴小孩。

「挑絲瓜時，皮摸起來要嫩，表面要有顆粒，才是新鮮的絲瓜。」在市場裡精挑細選時，我滔滔的說著。

「挑竹筍時，順到竹筍尖有點彎彎的弧線，這種竹筍適合做涼拌、沙拉和煮湯。」一邊說還要小小孩在竹筍堆裡找找看。

「那如果是直直的竹筍就不可以吃了嗎？」五歲小孩看著手裡直直的竹筍發問。

「還是可以吃的，只是會有一點點苦苦的，用炒的再燜一下會好吃一點。」我想小孩應該可以有較廣的食物接受度才是。

外婆教我的，不管是煮菜的方法、挑菜的方法、選菜的方法、糕類的做法，都有她的堅持。所有傳統的堅持，只要了解其中的道理，就會成為自己的知識，在需要時就可以派上用場。

我想外婆雖然沒有讀過書，這些關於料理的知識都是從實作中累積來的，在與小小孩工作的時候，希望也能把這樣的傳承在孩子身上延續下去。

Activity ｜ **懷念的冬瓜排骨** 炎熱的夏天總會想起爽口的冬瓜排骨，這是一道不麻煩的
幸福料理。切薑片、去瓜皮，再把冬瓜切成大塊，五歲小
男孩就可以操作得很好。挖去中間瓜瓤時，二歲弟弟也來
觀察，小小孩對什麼都好奇，陪在哥哥身邊看著。

Tip 冬瓜是很好的刀工練習食材，挖去中間瓜瓤時，要用刀尖切開瓜瓤與果肉的連結，切除硬皮時手要握緊刀柄向下用力切，之後的大卸四片就會覺得很容易了。

Tip 二歲小孩很喜歡收拾，工作完畢一定會
順手清理桌面，乘機就教會他正確的擦
桌子方法。

二歲的大廚 將食材放進湯鍋裡是二歲弟弟的專長，看他熟練的依序放入冬瓜、排骨、薑片，倒入醬油、胡椒粉、一點點的水，我問弟弟：「那還要放紅紅的辣椒嗎？」順手就折了二根辣椒放入鍋中。二歲小孩很喜歡蓋上鍋蓋的動作，很沉的鑄鐵鍋蓋一樣難不倒。

檸檬香味的秋葵

剁碎的洋蔥、牛番茄,調入一些橄欖油、鹽,再擠上半顆檸檬,就是好吃的調味醬汁。取出長盤排入汆燙好的秋葵,排好隊的秋葵淋上美麗的醬汁,看起來清涼可口。

Tip 在準備醬汁的同時,二歲小孩拿起桌上秋葵就啃了起來,我發現小小孩是神農氏的化身,喜歡用口來感覺新食材,只要無關衛生問題,就放手讓他們嘗試吧!

無法抗拒的麻油香

朋友説：「真的無法抗拒黑麻油的香氣，只要有黑麻油的料理，就會忍不住多吃一些。」加老薑片爆香的黑麻油魅力無敵，在食慾不振的日子來上一味，真會讓人精神百倍。麻油雞飯做法有二種，煮好飯後拌入炒好的雞肉片，或炒好雞肉倒入飯鍋裡和米炊煮都行。

小孩在拌勻雞肉飯時，受不了香氣的誘惑，問著：「廚師可以嘗一口嗎？」我説：「廚師當然要先試道味道啊！」適時滿足小小孩的要求，是工作的重要動力。

Tip 把帶皮雞肉切小塊有些難度，有韌性的食材可以讓孩子用廚房剪刀剪成一口大小。根據食材不同的特性，要隨時變換廚房工具。

簡單的美味 　鋪上美麗餐墊，等待美味的午餐，一碗香香的雞肉飯、二碟青菜，加上好
喝的清湯，滿足了小小孩等待的味蕾。

Tip　新鮮食材只要簡單調味就是幸福好味道，小小孩的料理先從不需繁複手工
的菜色開始，培養工作成就感，是踏入料理世界的第一步。

廚房裡的遊戲

- □ 練習冬瓜去皮與挖除瓜瓤
- □ 知道不同食材切塊方法，不同菜色有不同的切法
- □ 幫忙將處理好的食材放入鍋中，練習加水與蓋上鍋蓋
- □ 調合簡單醬汁並試味道
- □ 將汆燙冰鎮好的秋葵瀝水，擺盤排列，淋上醬汁
- □ 使用剪刀將帶皮雞肉剪成適口小塊
- □ 幫忙鋪上餐墊，準備餐具

Memo ｜ 今日任務

紅燒冬瓜排骨
涼拌秋葵
薑味麻油雞飯

紅燒冬瓜排骨

冬瓜 1 大塊
小排骨 600 克
薑片 6 ～ 7 片
辣椒 2 支
醬油 3 大匙
胡椒粉少許

1、冬瓜去皮切大塊，小排骨汆燙去血水。
2、鍋裡放入小排骨、冬瓜塊、薑片、辣椒、醬油、
　　胡椒粉和 1/4 杯水，小火燜煮 60 分鐘。

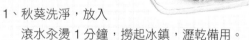

涼拌秋葵

秋葵 300 克
牛番茄 1/2 個
洋蔥 1/2 個
檸檬 1/2 顆
橄欖油、鹽各少許

1、秋葵洗淨，放入
　　滾水汆燙 1 分鐘，撈起冰鎮，瀝乾備用。
2、將牛番茄、洋蔥切丁剁碎，調入一些橄欖油、
　　鹽，再擠上檸檬汁拌勻。
3、取出長盤，排入汆燙好的秋葵，淋上 2 的調味
　　醬汁就完成了。

薑味麻油雞飯

去骨雞腿 2 隻
鹽 2 小匙
黑麻油 2 大匙
薑片 7 ～ 8 片
白飯 4 碗

1、去骨雞腿肉切小塊備用。
2、黑麻油冷鍋入油，小火
　　慢慢煸乾薑片，先加鹽
　　巴，再放入雞腿肉，炒至雞肉略微焦黃，倒入
　　白飯拌勻即可。

Column

為孩子儲存人生的經驗資產

　　帶著二歲小孩在廚房工作時發現，只要小小孩經驗過的事情，下一次再做到相同工作時，操作技巧就會更臻純熟些。由此可見，對小小孩來說，經驗是未來人生重要的資產。

　　第一次洗米時，二歲小孩會多些專注在水流過手的感覺，與開關水龍頭時的駕馭感；第二次洗米時，玩水的興奮減少許多，可以多些專注讓米不撒落盆外。大人與孩子在廚房或餐廳進行料理遊戲時，不要害怕小小孩在操作過程中可能造成混亂場面，只要適時的提醒要領，小小孩一定會越做越順手。

　　對於牽動味蕾的香氣，小小孩是抗拒不了誘惑的，在拌合麻油雞飯時，小孩忍不住地挖了一大口品嘗，入口之後的滿足，在一旁觀察的我也不禁會心一笑。

Set 8.
Supermarket 愛逛街
付錢、任務、保存期限

「今天妳是錢包管理員，要負責保管錢包還有付錢，小心拿好才不會掉了喔！」將小布包交給四歲小女孩時，我這麼交代著。**小小孩喜歡有任務的工作，交辦加了職稱的事情，小孩通常都會開心的融入角色裡。**

「你要負責看包裝上的保存期限，檢查有沒有過期，那就當個食品檢查員好了。」我為四歲小男孩分派任務。上回請他拿小瓦斯爐時，我稱他為瓦斯行老闆，在工作中小孩對扮演角色表現很稱職，一直關切瓦斯爐的狀況，是否需要更換小瓦斯，好讓自己有生意可以做。

「等一下妳負責把買好的東西從採買單上劃掉，看看有沒有漏買的。妳的工作很重要，是採買總管。」我蹲下來，交給五歲小女孩一張清單，也把這個任務交給了她。

小小孩的代買任務

要讓孩子接觸多元的食材，可從參與選擇食材與製作開始。

在料理遊戲中把採買食材這件事變成一項有職稱的工作，一起到市場或超市採買。在準備餐點時，給小孩一個助理廚師的任務，只要孩子想參與，都可以讓他們練習嘗試，不需要先設限孩子的階段能力。

有好的引導與安全的操作示範，有時小小孩表現出來的學習企圖心，是會超出大人想像的。

「要買味醂、和風沙拉醬、奶粉、糖粉、養樂多、冰淇淋、蘑菇。」我看著採買清單念了一遍。「我們等下去超市要買的東西，你們都記得了嗎？」念完又好奇的確認。

二姐弟背誦了一遍，好像還是記不全。

「我們還是寫下來好了。」我笑著邊說邊攤開紙，讓孩子畫了圖畫式的採買清單。

看著那份可愛的單子，我想再確定小孩真的記住了嗎？

「那麼，我們等下要買什麼呢？」我又問了一次。

「很簡單啊！要買味醂、和風沙拉醬、奶粉、糖粉、養樂多、冰淇淋、蘑菇。」小孩看著圖畫說出了要買的東西。「我都記下來了！」二個小姐弟異口同聲，開心的回答著。

菜單裡的互換

出發採買前我和小孩簡單的討論，先看家裡有什麼現成材料再設計菜單。

不浪費食材，趁新鮮享用，這樣的觀念從小就要內化成為孩子價值觀，如果家裡有太多餅乾、糖果、速食餐點等替代食物，對於有些偏食行為的小孩來說，就不會有改進的動力了。有些時候我會讓冰箱或食物櫃保持空一些，讓孩子偶爾體會食材匱乏的感受。

「冰箱裡有一些蔥、一顆馬鈴薯，哇！好少東西。」看過冰箱的小孩回報。

「今天有五個人，你們覺得這些夠吃嗎？」我想讓小小孩也有食物量的概念。

「我覺得不夠，上次我自己就吃完一個烤馬鈴薯，我們有五個人應該不夠啦！」五歲小女生肯定的說。

「那麼，等下要買多少東西，我們一起把它寫下來，這樣就不會忘記。」我再次強調的說。

「如果看到有比較便宜的特價商品，我們要換成別的嗎？」五歲小女生顯然有和媽媽去超市購物的經驗，提出了好問題。

「當然可以呀！有時我們先想好的，菜市場剛好沒有，或是不新鮮，只要能搭配的都可以換。比如想買的小白菜沒有了，但是旁邊有好新鮮的青江菜，我們當然就選新鮮的呀！」我抓住機會給

孩子同種類互換的概念。

記得有一次在國外讀書的兒子，思念起家鄉味的雞排飯，從超市打電話向我求救，說他找不到食譜上的調味食材。我請他告訴我架上陳列商品有哪些，就著電話傳授替代方法，最後成功做出色香味俱全的家鄉味雞排。**適度的彈性與變通，也是在料理遊戲中要讓孩子體會的。**

小小孩從被動接受大人準備的食物，到主動提供想法與建議，當小孩的料理經驗越豐富時，對食物接受的廣度就會大一些，在每一個下次都會有多一點的討論能力與工具操作能力。大人只要在第一次的廚房遊戲裡多花些時間示範說明，每個小小孩都可以成為廚房好幫手。

超市裡的香味國度

味道是小孩體驗世界的一種方式，小小孩比起成人對食物的味道更敏感，食物裡一點點的香、辣、酸都可以感覺得出來。

對於食物的味道，其實是主觀感受，是一種複雜意義，雖然說體會味道是由味蕾決定，對小小孩來說卻更受食物的香氣、外觀，甚至以往的經驗或類似食物影響。**創造一個好的味覺體驗，讓小小孩對味道有好的連結，常常可以成功改變孩子對食物的喜好。**

「這個包裝上有畫一個圈圈，是告訴我們會不會辣。」我拿著一個咖哩塊的盒子說明。

「我知道，寫 5 是最辣的，我敢吃。」四歲小女孩宣示的說著。

「我也敢吃，有一點辣很好吃呢！」五歲小男孩跟進。

「我最喜歡吃咖哩雞了，裡面的蔬菜好好吃。」三歲的小孩也加入這個話題。

「煮咖哩雞可以買這樣的咖哩塊來調味，也可以自己買很多香料來調，你們想試試嗎？」

我提出了調香料的建議，一邊說明咖哩粉的成分，「咖哩粉其實是混合很多種香料在一起，讓咖哩有黃黃的顏色叫薑黃粉，還有芫荽籽、孜然、豆蔻、黑胡椒、辣椒、丁香、肉桂。」

「我想試試看！我有看過書上有畫，是用一種碗和棒子把它們混在一起。」小女孩顯然看過類似的食譜書，躍躍欲試的說著。

調香料是最好的味覺體驗，讓小小孩試著去聞不同的氣味，我想會更容易接受不同風味的食物料理方式。

Activity

小小孩的圖畫筆記

拿起紙筆畫下交辦採買的項目，小孩問我：「味醂長什麼樣子啊？」我拿出了一個胖胖的玻璃瓶，「大概就是這樣吧！」於是有了這樣可愛的採買清單。

Tip 小小孩常需要利用圖像幫助記憶，是天生的寫實畫家，在沒有被人為破壞前，都可將看過的物件表達得很傳神。

超市裡尋寶 拿著自製的採買地圖在超市裡尋寶。蘑菇應該在哪裡呢？調味區有味酥嗎？要在哪裡找糖粉？還有冰淇淋、養樂多和雞蛋？對小孩來說，超市就像一座迷宮，第一次去的超市真的得花時間好好研究一下。

Tip 大人可以在一旁提示，但盡量讓小孩自己去找採買的物品，被賦予各種任務的超市行動，對小孩而言就像遊戲一樣有趣。

保存期限。在哪裡？

保存期限在哪裡？每種東西的保存期限標示位置都不一樣，生鮮食品常會出現在物品的包裝正面，袋裝的商品期限較常打在封口處，瓶裝的通常會列在背面成分表，可以讓孩子多花些心思觀察、找一找。

Tip 認識保存期限同時也會認得數字。數與量，時間與日期，將這些實用知識的吸收學習自然地融入生活中。

大冰箱裡買菜

小孩說超市好像個大冰箱哦！我們像在冰箱裡
買菜。分類包裝好的蔬果，挑選時要注意新鮮
度，茄子要挑重重、有彈性的，青、紅、黃椒
外表要飽滿，馬鈴薯要挑沒有芽眼，洋蔥拿起
來要沉甸甸的，花椰菜的花朵看起來要像花苞
一樣。

Tip 走在超市裡隨時可以機會教育，看似叨叨的
念著，話裡頭卻都是實用常識，閒聊的學習
最能記憶長久。

盡責的錢包管理員

拿著小布包的四歲女生，從接受這個任務開始，手裡一直緊緊捏著，結帳後也記得把錢小心收回，小小孩對自己負責的事情做得很好。

Tip 錢包管理員這個任務，顯然是四歲小女生喜歡的工作，出發前把工作指令和注意細節說清楚，小孩就會認真達成。

結帳。合作。搬運

分工合作把推車裡的東西放上結帳櫃枱，小小孩喜歡幫忙做事，一下子就全部打包好了。我很喜歡看小小孩認真工作的樣子，專注有效率，真是好幫手。

Tip 大人退後一點，忍住隨手幫孩子處理事情的習慣，慢慢的小孩做事就會越來越順手。

香味國度 在調合香料過程中分辨大、小匙，四歲女生喜歡當香料混合師，所有的香料全都量好了，就可以倒進大缽裡搗一搗，混合好的香料果真有咖哩雞的味道！

Tip 香料是很輕秤的粉末，我讓小女生練習用大、小匙測量，有時粉末會不小心掉了出來，沒關係，等下一起清理就好。

廚房裡的遊戲

☐ 練習用圖畫方式記錄自己的採買清單
☐ 了解超市裡的乾料、蔬果、罐頭、冷藏、冷凍分類概念
☐ 找出包裝上標示的保存期限並練習閱讀
☐ 依各種食材的挑選要點採買
☐ 練習結帳及幫忙搬運
☐ 認識湯匙與茶匙等測量單位

Memo ｜今日任務

茄子蔬菜咖哩雞

茄子蔬菜咖哩雞

雞腿 2 隻
洋蔥 1 個
馬鈴薯 1 個
胡蘿蔔 1 個
蘋果 1 個
茄子 1 條
小黃瓜 1 條
青椒 1 個
紅、黃甜椒各半個
薑末 2 大匙
咖哩塊適量
自調咖哩粉 2 大匙
（也可省略）
鹽少許

1、雞腿洗淨，切小塊備用。
2、洋蔥、馬鈴薯、胡蘿蔔切大塊；蘋果洗淨外皮，
　連皮切成大塊；茄子、小黃瓜、青、紅、黃椒均
　切塊備用。
3、鍋內加少許油炒香自調咖哩粉，先倒入洋蔥塊炒
　出香味，再下雞腿肉拌炒至香氣溢出。
4、加入馬鈴薯塊、胡蘿蔔塊、帶皮蘋果塊、薑末，
　再加少許鹽和水 1500 cc煮滾，轉小火續煮 15 分
　鐘。
5、加入咖哩塊攪拌均勻，起鍋前放入切塊的小黃瓜、
　茄子和青、紅、黃椒，煮滾後即可關火。

【Point】

1、加鹽目的是為了提出食材原本的鮮甜。鹽與咖哩
　塊搭配比例可依喜好調整，想要口感濃稠就少放
　些鹽，多增加咖哩塊的用量。
2、這個食譜裡的蔬菜可以隨意組合，需要燜煮的要先
　入鍋和雞肉一起燉，不適合久煮的蔬菜就先備妥，
　等到拌勻咖哩塊後，在起鍋前放進去滾一下就好，
　在黏稠的湯汁裡蔬菜還會再燜軟些。
3、如果有青花菜也可以加進去。切成小朵的青花菜，
　在最後放入湯汁中滾一下，利用餘溫燜至入味，
　吸滿咖哩汁的花朵美味極了！

和小小孩一起大玩 cosplay

在工作中發現越小的孩子越是喜歡幫忙及角色扮演。

我常會在料理活動中給小小孩任務挑戰一下自己,有時是大力士搬運工,有時是隨時待命的瓦斯行老闆、負責付錢的錢包管理員,或者是餐廳服務生、快炒店老闆、新菜色的試吃員,偶爾換當個調合香料的研究員也不錯。

把不同的職業扮演遊戲都加進料理活動,使工作變得更有趣,小小孩會很期待每天的廚房好時光呢!

在代買任務中,對於還不會寫字的二姐弟,自己畫的圖畫就是最好的採買清單。出發前,二個姐弟認真的製作採買地圖,四歲的弟弟想不出如何圖示物品時會請姐姐幫忙,令一旁觀察的我也感染了那股親膩的真情流露。當時側拍的照片美極了!

家中有二位以上孩子的父母,有時候可以細細觀察小孩之間的互動交流,如果有一點小小爭執,先不要急著介入排解,孩子們自有解決的辦法。兄弟姐妹之間的感情,就是在這樣一個個小事件中逐漸累積起來的。

Part - 3

美育。兼容並蓄

Aesthetic education · nature inclusiveness

輕輕的風，微微的笑

在蔚藍的天空下

在柔軟的草地上

在小小的屋簷下

在風涼的平台上

在一方小小角落　預約。幸福溫度

就這麼簡單美麗　如此心滿意足

Set 9.

美麗。在細節裡
美麗從細節、裝飾開始

　　我喜歡觀察別人的便當，尤其是正在打包的便當，每當看見有人將所有菜色不分類的堆在一起時，心裡總是十分難受。若打菜的是熟悉的朋友，便會請求他把包便當的工作讓出，由我為他重新打造一個色香味俱全的餐盒。

　　飯盒裡的隔間很重要，如果原來的飯盒是開放式無隔間，我便會就地取材創造出來，舉凡錫箔紙、烤焙紙、洗乾淨鋁罐剪下的小片、院子裡的野薑花葉、菜色裡的食材等，都可以用來分隔出整

齊的飯盒空間。

便當裡的飯一定要保持潔白，帶湯汁的菜要有一個專屬的空間，乾濕分離是包便當的重要口訣，記住這一點就足以對付大部分的菜色與餐盒。

有時買外食帶回家享用，我也會一樣樣的換盤盛出。一尾在美麗長盤的乾煎鮮魚，絕對比躺在紙盒裡美味；方便的外帶滷味，拿個有質感的陶盤重新排列，附加的薑絲與酸菜也要有它們的專屬位置。

記得一次朋友帶了晚餐來家裡做客，看著一盒盒被關起來的美味，我忍不住趁大家說話的空檔全換上新裝；看著少了一點層次感，便切了簡單的蔬菜棒，用瘦長的玻璃杯裝盛。那一桌被改造過

的美食，多了鮮花似的蔬菜，看起來更加令人垂涎！

「哇！這些真的是我們帶來的晚餐嗎？看起來變得好有質感！我怎麼從來沒想到可以這樣擺盤。」朋友發出真心的讚美。

廚房裡的工作其實是一門藝術創作，食材呈現的外形、大小、色澤、質地、味道、溫度、季節等，都會是選擇盛裝容器的考慮因素。我和小小孩在廚房工作時，也常會聊到這個話題。

「把和風沙拉全部材料放在玻璃大碗裡拌勻，擺在餐桌上看看美不美。」我對著正在拌勻蔬菜和醬汁的小小孩說。

「擺在桌上看起來很像一盆花，好漂

亮哦！」四歲小孩認同的說。

「今天的濃湯要不要試試換杯子裝起來喝呢？」我拿起一個附有木蓋的橘色馬克杯問著。

「嗯～我要試試，這樣看起來好好喝哦！」小女生拿起馬克杯，把濃湯舀進杯子裡。

「換個盤子擺擺看。」
「如果加上這個呢？」
「裝到這裡剛剛好。」

料理工作中給孩子一點提醒，啟發孩子天生對美的感受力，小孩累積足夠的舊經驗，就會在不經意時表現出來，慢慢內化成自己詮釋美的一部分。

如果經驗是驚艷

高中時，每天中午我總是會跑到好朋友的班上吃便當，觀察一陣子後，我忍不住好奇的問好友，「怎麼會有人吃便當不從一端好好吃起，而是像挖地雷一樣，東一塊西一塊的跳著吃呢？」

「有差別嗎？吃到肚子裡不都混在一起了，而且我這一口想吃菜，下一口想吃滷蛋，就會變成這樣啊！」好友理直氣壯的說。

有差別嗎？這真是個好問題，吃到肚子裡真的沒有太大差別，但是用餐的氣氛是有差別的，東西看起來賞心悅目總會為生活加一點分。在和孩子做菜時，

我也常會提醒小孩，如果可以多注意一點，做出來的料理就會不一樣呢！

記得有次和小孩玩麵糰，準備做可口的吐司帶回家，我在過程中用孩子可以理解的話語說明，該注意的細節不會因為是小孩的作品就敷衍跳過。

「秤東西的步驟要先想一想，秤好乾的材料再秤濕的，等下要洗的碗就會比較少。」

很多先後順序會影響後續的收拾，太麻煩的善後會造成不好的料理經驗。我覺得有必要讓孩子從小養成習慣，所以總是不厭其煩的叮嚀。

「揉麵糰要揉到像這樣，可以拉成一張紙。」我拿起一小糰拉開檢查，揉麵到位、擀捲的力道，都是吐司細緻與否的關鍵。

「我們把吐司麵包的樣子整好，就要讓它們再睡一下，等長到快要和盒子一

樣高,才可以放進烤箱裡面烤,這樣烤出來的吐司就會又美又好吃。」發酵溫度與時間的拿捏會左右成品的外型,我希望每個孩子都能帶回完美成品,在操作的重點上特別提醒,小孩也認真的做著筆記,專注照顧自己的麵糰。

午後,當小孩拿著完美吐司迎向家人時,家人個個驚訝得讚嘆不已,這也再次證明了只要有好的引導與示範,孩子其實是可以做得很好的。

讓每一次的經驗都是個驚艷,在廚房遊戲中學到工作成就感,累積正向的學習能量。那張陽光打亮的開心自信小臉,真美!

Activity

切洗蘿蔓生菜葉

在流動的水中洗菜是小孩最愛的工作，蘿蔓摘掉老葉，洗淨後切 3 公分小段，放進篩網瀝去水分。

清洗蔬果一起來

玉米筍與青花菜最需要好好洗一洗，放在流動的水裡徹底洗乾淨，才能稀釋殘留的農藥；小番茄去蒂後，清洗時要用手搓一搓，才搓得掉表皮的灰塵。生食的蔬果用心清洗才安心！

料理前部曲　食材切整處理是料理工作中較花時間的部分，因此廚
房裡工作的流程規劃很重要，一次將食材都清洗完
畢，再開始做之後的切丁切片。

Tip　當廚房裡有不同年紀的孩子，清洗蔬果的工作可以讓大小孩子合作完成，大人在旁觀察會發
現孩子自然會協調出工作的韻律與次序。

【洋蔥】

小孩在剝洋蔥外皮時，如果不好剝除，可以先切去兩端，露出裡層的果肉，要撕去外皮就容易多了。

Tip 洋蔥外表平滑，剛開始切第一刀要特別小心，提醒小孩手指彎曲，扶好洋蔥，眼睛看著正在動作的刀，心眼手合一就不會切傷手指。

【蘑菇】

切蘑菇對大部分小孩來說不是件難事，只有切圓弧狀菇傘時要專心，否則刀子很容易打滑。蘑菇對切後，如果要再切成小片，記得將平的那一面朝下，讓蘑菇站穩就方便切片了。

【小番茄】

小小的番茄最受小孩青睞，一口一個很容易取食。小番茄對切，放在沙拉醬汁裡，比較容易入味。番茄和洋蔥一樣有著圓滑的外皮，讓較大的小孩來切比較合適，五歲的小女生很可愛，喜歡把切好的番茄一字排開，看著就讓人忍不住微笑起來。

【剝蒜頭】

幫蒜頭脫去外衣也算是廚房裡的細緻工作，有時為搭配料理呈現的質感，會需要統一配料外型。這道料理用的材料除了洋蔥末外都是片狀，剝好蒜頭切成蒜片，完成的南瓜燉飯就會有較好的質感。

Tip 燉煮過的洋蔥末會軟化，釋出甜味，和米粒融合在一起，從外觀上已分辨不太出來了。

【壓南瓜泥】料理開始時先把南瓜洗淨，切大塊，放進蒸爐（或電鍋）大火蒸四十分鐘，趁著餘溫壓成泥，放涼比較不好壓；也可以加一點水用果汁機打成泥狀。用果汁機打泥，因為有加了水，之後做燉飯時水分就要少加一些。廚房裡常有小小的數學遊戲，這裡多一點，那裡就要少一些，手腦並用就能做出好料理。

和風蔬菜沙拉

【汆燙。冰鎮。涼拌】
切好的玉米筍、青花菜、蘆筍放入加了鹽的滾水中，燙一分鐘後撈起，立刻沖冰水澡，瀝乾水分，和蘿蔓葉、切半的小番茄一起放入玻璃大碗中。

Tip 準備拌成沙拉的蔬菜水分盡量瀝乾，較不會影響拌合後的風味與口感。

【醬汁】和風沙拉醬、味醂各二大匙，再調入一小匙醬油，撒上一點點白芝麻，簡簡單單就完成了美味醬汁。小小廚師也要練習試味道，自己先嘗一口，看看像什麼味道，再把醬汁倒入玻璃大碗和蔬菜拌勻。

【裝盤】完美呈現的作品，層次分明是重點，從大玻璃碗中取出
　　　　蘿蔓葉放進沙拉碗，再放上青花菜、蘆筍、玉米筍，最
　　　　後放上二、三片番茄，在成品上再淋上醬汁就完成了。

南瓜奶油燉飯

這是一道非常好的剩飯料理，
做法簡單，容易飽足，美味又
可口，最適合出現在下午的點
心時間。炒香蒜片、洋蔥末
後，加入甜椒片、蘑菇片，再
倒入南瓜泥，最後加白飯、鮮
奶油翻炒幾下就好了。

Tip 要料理這道燉飯，也可以多加些水，用生米下去熬
煮。若是預計第二天要做這道燉飯，前一夜的飯就不
要煮得太軟。

卡布奇諾蘑菇濃湯

以口就杯優雅喝湯，雪
白綿柔的口感，讓喝湯
變有趣了。把所有材料
煮好放涼，再用果汁機
打成泥，倒回小鍋用小
火慢慢煮滾，材料裡的
馬鈴薯加熱糊化會變
濃稠。

Tip 使用果汁機打湯汁，一定要記得放涼再打，如果溫度很高就開動
馬達，產生的壓力會把蓋子彈開，連同湯汁也會濺出，就要花很
多時間清理善後了。

廚房裡的遊戲

☐ 在流動的水中清洗生菜葉並摘除老葉
☐ 練習切洋蔥，下刀時手眼合一，先切條再切丁
☐ 練習對切蘑菇，放平穩再切片
☐ 練習剝除蒜頭外皮並切片
☐ 練習使用大匙（或飯匙）壓南瓜泥
☐ 替沙拉裝盤，體驗色彩層次
☐ 食材放涼後，用果汁機攪拌

Memo ｜ 今日任務

和風蔬菜沙拉

南瓜奶油燉飯

卡布奇諾蘑菇濃湯

和風蔬菜沙拉

蘿蔓 1 棵
蘆筍 10 支
青花菜 1/4 顆
玉米筍 1 盒
小番茄 10 顆
和風沙拉醬 2 大匙
味醂 2 大匙
醬油 1 小匙
白芝麻少許

1、蘿蔓葉、蘆筍洗淨瀝乾，切 3 公分小段；青花菜分切小朵、玉米筍切半洗淨，小番茄對切備用。

2、蘆筍、玉米筍和青花菜入鍋汆燙，撈出過冰水，瀝乾水分。

3、將和風沙拉醬、味醂、醬油、白芝麻混合拌勻，調成美味醬汁。

4、再把蘿蔓葉、小番茄和 2 裝入玻璃大碗，淋上調好的醬汁拌勻即可。

南瓜奶油燉飯

南瓜（小）1/4 個
紅甜椒 1/2 個
蘑菇 7 ～ 8 朵
蒜片 1 大匙
洋蔥末 1/2 杯
白飯 4 碗
鹽 2 小匙
鮮奶油 1/2 杯
黑胡椒少許

1、南瓜蒸熟壓成泥；紅甜椒、蘑菇切片備用。
2、起油鍋炒香蒜片與洋蔥末，下紅甜椒片、蘑菇片
　　拌炒，加入南瓜泥和白飯炒勻。
3、最後加入鮮奶油翻炒幾下，加鹽煮出香味，盛盤
　　時撒點黑胡椒提味就完成了。

卡布奇諾蘑菇濃湯

新鮮蘑菇 200 克
鮮香菇 3 朵
紅蘿蔔 1/4 條
洋蔥 1/4 個
西洋芹 1 根
馬鈴薯 1/2 個
高湯（或水）2000 cc
鮮奶油 100 cc
鮮奶 200 cc
鹽少許

1、新鮮蘑菇、鮮香菇洗淨切片，放入小烤箱以中火烤
　　5 分鐘。
2、紅蘿蔔、洋蔥、西洋芹、馬鈴薯切丁備用。
3、鍋內加少許油燒熱，將洋蔥丁炒出香氣後，依序放
　　入馬鈴薯丁、西洋芹丁、紅蘿蔔丁和1拌炒3分鐘，
　　倒入高湯中火煮 10 分鐘，關火放涼。
4、用果汁機把蘑菇湯打均勻，回鍋以小火邊煮滾邊攪
　　拌，攪到湯汁變濃稠，加入鮮奶油和鹽提味，起鍋
　　倒入馬克杯。
5、再用奶泡器將鮮奶打發，把奶泡鋪蓋在杯子上即
　　可。

【Point】蘑菇烤焙後有特殊香氣，用炒的也行，但成
　　　　　品風味會不太相同。

培養小孩美感從家庭餐桌延伸

想要菜色呈現的質感不同，有時食材的前置處理會有許多切片工作。在讓小小孩練習切片時，應依食材軟硬不同而有所變通，質地較硬如紅蘿蔔，先汆燙軟化再切片就容易多了；有些食材不硬，但外皮有點韌性，如洋蔥、番茄，下刀時會需要一些下壓且前後拉的力量，在指導時順勢提到施力方式及注意細節，比如對切後放穩固再繼續切片，就能減少因食材不穩所造成的滑動危險。

二歲小孩可以從質地鬆軟的食材著手，用餐刀練習切糕點、豆腐、布丁、果凍、香蕉、熟軟的瓜果等；大一點的孩子在第一次練習使用刀子切片時，也是從簡單的食材開始。讓孩子的每一次料理遊戲，都增加一點點的挑戰，用適當的工具與方式達到成就感。

一道賞心悅目的料理，包括食材外型的適配和食物顏色層次安排，都是廚房遊戲的重點。有時在烹調前可以和小小孩一起翻閱相關食譜，參考書中的食材配色與擺盤，除了童書之外，食譜共讀也是很好的親子活動。

大人小孩共同參與計畫菜單、製作食物採買清單，孩子的參與度越高，對食物的接受度也就越高。

Set 10.
偶然的花花世界
湯鍋裡的花朵

　　放學時間轉角傳來小小孩的聲音，聽起來像是在和媽媽堅持一件事，我好奇的上前關心。

　　「我要我的禮物，媽媽妳都忘記我的禮物。」原來是我的二歲朋友，正理直氣壯的和媽媽爭論著。

　　「是忘記什麼禮物了呢？」我走近關切地問。

　　「是昨天漂漂媽咪送我的，漂亮的小叉子，媽咪忘記拿回家了。」小小的二歲孩子，時間、地點交代得很清楚，美麗的東西總是特別吸引她。

我想起來，是昨天料理時的小道具，有著綠色柄的水果小叉。小叉子頂端有可愛的小水果，看起來精緻小巧，二歲小孩愛不釋手。

小小孩也是會欣賞美的東西，在小小孩的廚房遊戲時間裡加入一些美麗元素，工作起來會更起勁。

除了用小刀切菜、用手撕折菜葉之外，壓模壓出的紅、白蘿蔔小花朵燉在湯鍋裡美極了，我總喜歡看到小孩掀開鍋蓋時的開心表情。

「妳喜歡這個小叉子，好漂亮嗎？」我牽著二歲小女孩邊走邊聊。

「我好喜歡禮物，漂漂媽咪送的。」二歲朋友誠心的讚美。

「我們找一天來煮漂亮的湯，裡面有美麗花朵的排骨湯、燉肉……」我和二歲朋友開始聊起我們的美麗料理。

原來。也可以很美味

「大家會因為東西外型的改變，而從不喜歡變成喜歡嗎？」我問著辦公室裡的同事。

「會啊，像我以前不喜歡吃紅蘿蔔，看到就會挑起來，從來不碰的。有一天吃到一碗花朵形狀的紅蘿蔔湯，哇！那麼美的湯，我立刻把它吃光光，然後才發現也沒有那麼不好吃呀！」美麗的年輕媽媽說。

「我們家小孩本來不喜歡吃花椰菜，但自從發現小朵花椰菜很像外婆新燙的頭髮，就莫名的愛吃起來了。」另一個朋友說。

「我除了味道要對、顏色不能奇怪之外，太麻煩的我也不喜歡。比方我喜歡吃螃蟹，但如果是整隻供應的，要我自己剝，那我寧願不吃。」一位挑剔的朋友說。

食物外型真的是會影響人的食慾，對於黏黏的糊狀食物，我通常也會巧妙的跳過少碰，而且從小就不太吃麥片粥、稀飯、濃湯等黏稠食物。如果早餐吃到麵包、蛋餅、包子、饅頭、燒餅這類有嚼勁的食物，一整天都會有好心情呢！

「還有搭配食材的配料也有關係，我以前不喜歡吃小油菜，上菜市場從來不買，但有一次吃到切成小丁的小油菜炒小魚乾辣椒，哇！驚為天人，怎麼會有這麼好吃的炒法，所以配料也是關鍵啦！」朋友接著這個話題。

「像我就從來不吃番茄炒蛋，因為從小對食物的認知裡，我把番茄歸類為水果，我喜歡吃番茄，喜歡吃蛋，但就是不能接受它們炒在一起。」另一位朋友也加入。

「我喜歡吃燉在湯裡的豆腐，但我不吃涼拌豆腐，好像也沒有什麼理由，就是覺得豆腐不該吃冰冰的。」

「其實除了外型、味道之外，好像還和第一次接觸的經驗有關。像我不愛吃西瓜，覺得要吐籽很麻煩，那一粒粒的籽不整齊的排在上面，讓我看起來不舒服，每次看到大西瓜還會想起小時候媽媽唱的兒歌：『大西瓜呀你究竟有多大……切開有個胖娃娃……』，真是嚇人！會有娃娃在裡面呢！所以，至今對大西瓜都有可怕的連結。」

聽完朋友可愛的理由，我彷彿看到了那對著西瓜發愁，想著等下會有胖娃娃出來的小孩。

神奇的糯米椒

對食物的偏好，有時連自己都不太清楚是從哪個點開始，在沒去探究理由之前，大多數人就這樣被習慣綁架，堅守自己的飲食原則，並且傳遞給孩子們。

許多家庭裡的成員對食物的喜好很相同，就是從小父母在給小孩食物時，會依循自己的飲食習慣，時間久了，孩子對食物的接受範圍自然也就慢慢地被同化了。

有時會聽到父母在討論孩子的偏食問題，苦惱著如何讓小孩吃進更多更均衡的食物；在和小小孩玩料理遊戲時發現，自己去市場採買、動手做的食物，孩子接受度都非常的高，而我們也會在工作中把食材對身體有益之處帶入談話中。

有一次三歲小男孩對著飯碗裡的糯米椒發愁，不想吃又知道不可以浪費食物亂倒進「小豬桶」裡，小臉蛋看得出很糾結苦惱。

「你不想吃了嗎？好可惜，這糯米椒好營養呢！你還記得上次我們一起去露營抓蝦，晚上在小溪裡眼睛要很亮才可以很快抓到蝦子嗎？」我的朋友提醒小男孩。

「記得！我只有抓到幾隻蝦子。」小男孩提到露營，重新振奮了情緒。

「這糯米椒吃下去，眼睛會變得很亮，下次去抓蝦子就會都看見了呢！」朋友再次強調糯米椒的功效。

「會看到很多嗎？」小男孩還沒吃糯米椒，眼睛都亮了起來，快速地把碗裡的吃完，又去舀了一大瓢。小孩的食物品味比我們想的更容易改造呢！

在習慣檢討小孩的飲食問題前，應先想想我們自己的飲食習慣，小小孩其實很好溝通，只要理由可以說服，要改變小小孩真的不難。大人開心地把關於食物的正面訊息融入小孩的日常生活經驗裡，小孩很快就能接受新的食物。

或許大人才最應該要有一組美麗的壓花模具，先檢視自己心中對食物的偏好，再藉由壓出的一朵朵美麗小花，重新建構心中的美味地圖。

鍋裡的紅白花朵

紅、白蘿蔔是壓花最好的食材，切成 3 公分厚圓片，就可以讓小孩練習壓花。
大部分的小孩都會先從中心點壓下壓模，剩下果肉就不夠面積再壓出另一朵
了，小孩發現了這個現象，在壓花時開始會先思考分配的問題。

Tip 與不同年紀的孩子玩壓花時強調不同的重點：二歲小小孩強調手眼協調與手部
肌肉運用，三歲的小孩練習裁切花朵的完整度，大一點的孩子則引導他們思考
空間分配問題。

重新組合的拼圖

小孩在裁下的紅、白蘿蔔中發現重新組合的樂趣。相同的壓模有相同的空格,把壓下的白蘿蔔花放入紅蘿蔔的空格裡,拼組出另一種美麗。

Tip 小孩是很有創意的,有時在料理過程中,少一點指令,讓出一些空間給孩子發展,會發現大人經常流於一種慣有的固定模式,這次的紅白拼圖就是個美麗的驚艷。

Tip 不同質地的蔬菜，用的壓花力道也不同。白蘿蔔水分多，比紅蘿蔔容易裁切，薄的又比厚的容易許多；小孩的年紀也是變相之一，若預先切下的厚片對小孩手壓時有些吃力，那就再切薄一些。

厚薄力氣大不同 有時小孩會想要挑戰自己，雙手壓還無法穿透時，會將全身的重量也加上來，大人不必急著幫忙，偶爾退後一點觀察，會發現小孩比想像中有辦法。

蔬菜之外的體驗 肉摸起來手感和蔬菜是完全不同的，大部分小孩對生肉的觸覺經驗比較少，第一次觸摸的小孩會需要一點時間適應。

Tip 稍微結凍的肉切起來比較容易，但皮會帶點韌性，第一次切五花肉的小孩可以選不帶皮的部分練習，等熟練些再試切有帶皮的。

除了壓花之外

小孩發現壓模也可以壓去大黃瓜的瓜瓤，不用刨刀去除大黃瓜的外皮，
也可以用刀子切除，做菜沒有一定的模式，只要有新的好方法，我們
就這麼試試看。

廚房裡的遊戲

- ☐ 使用壓模壓出不同花朵
- ☐ 用壓出的花朵變化重組拼圖
- ☐ 厚與薄的體驗
  （食材質地不同，小孩手力不同，可以壓出的厚度也不同）
- ☐ 切肉練習
  （不同觸感與質地，有沒有帶皮，需要用的力道不同）
- ☐ 工具的變化運用

Memo │ 今日任務　　　蘿蔔香菇燉肉・黃瓜貢丸湯

蘿蔔香菇燉肉

五花肉 600 克
紅蘿蔔 1 條
白蘿蔔 1 條
乾香菇 5 朵
蔥 3 支
薑片 5 片
辣椒 2 支
醬油 5 大匙
胡椒粉少許
滷包 1 包

1、紅、白蘿蔔洗淨外皮，
　　切成 3 公分厚圓片，
　　用壓模壓出紅、白花
　　朵備用。乾香菇泡水恢復彈性。
2、五花肉洗淨，切 3 公分寬大塊，入鍋以少許油煎至
　　表面金黃。
3、將 1 放入鍋中，倒入水 1000 cc，再加醬油、胡椒粉、
　　蔥、薑片和辣椒、滷包調味，大火煮開後轉小火燉
　　1 小時。
4、起鍋前掀蓋收汁看起來會更可口呢！

黃瓜貢丸湯

大黃瓜 1 條
貢丸 6 顆
高湯 4 碗
鹽、香油、
香菜末各少許

1、黃瓜連皮切成厚圓段，用壓模壓出中間瓜瓤。
2、將去掉瓜瓤的黃瓜段放平，切去外皮，每段對切成
　　四小塊備用。
3、貢丸切十字花，入高湯鍋煮 10 分鐘，再加入黃瓜塊
　　煮滾，起鍋前以少許鹽調味即可。
4、盛入小碗時，撒些香油與香菜末。

【Point】
1、每個品牌的貢丸鹹度不同，有些調味鹽加比較多，
　　在煮滾過程中會釋出一些到湯裡，所以等起鍋前再
　　決定要加多少鹽。
2、分裝至各小碗時再加香油與香菜，可以讓香菜保持
　　鮮綠色澤，萬一需要再加熱，也不會因為香菜變色
　　影響湯的美觀。

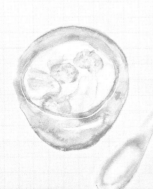

Column

美好的用餐氣氛把不喜歡變成喜歡

小孩挑食、偏食、胃口不佳、不易接受新的食物，這些問題常深深困擾著父母，什麼時候開始累積偏食習慣？小孩什麼時候可以開始擴大接受尺度？如何讓孩子接受新的味道？都是讓父母費心的議題。

小孩子第一次品嘗食物，可能是依靠敏感的味蕾、嗅覺及視覺線索來決定食物可口與否，但我們感知味道的方式除了氣味、外觀之外，還有許多其他主觀因素，如同儕的喜好、當時的用餐氣氛等影響。

另外，父母的食物偏好與小孩的食物偏好有顯著適度相關，往往大人不喜歡的食物會被忽略去提供給小孩，不小心就會通過自己的喜好去影響孩子。小孩透過家庭廚房所供應的食材窄化了，進而造成限制供給的事實。

大人在孩子的飲食偏好和能量攝入發展佔了舉足輕重的位置，父母若能積極示範良好的飲食方式，會是提高孩子良好飲食模式最好的方法。所以說，父母的飲食風格是小孩在食物偏好發展的關鍵因素。

親子一起創造的廚房遊戲可以一起改正全家的飲食偏向。小孩會因為從食材的採買到製作的高度參與，吃的情緒被積極的氣氛帶動起來，還有兄弟姐妹、同學和父母可以做為榜樣，慢慢地也會練習去嘗試最初不喜歡的食物，而在改變孩子飲食問題的同時，也會改變父母的食物偏好。

Set 11.

熱情如火。特別的一天

料理。瓦斯與電之外

　　乾燥的陣風吹得落葉沙沙的響，巷弄裡的大樹也乘機抖落尖梢上的枯枝，原本整潔的小路上多了許多枯葉堆，幾個小孩經過故意踩出聲響，喳喳喳的玩得高興極了。

　　「這些枯掉的葉子能做什麼呢？」六歲小女生撿起一片黃色落葉問著。

　　「可以堆起來做堆肥呀，會變植物的肥料。」另一個小女生回答。

　　「可是要很久才會，還要發酵分解才可以用。」小男生也加入這個話題。

　　「你們看，這些葉子摸起來很乾，有

一點脆脆的，加上一些乾的小樹枝，如果再有一根小火柴，就可以生起火來。」我給了小孩另外的好點子。

「我知道，上次爸爸帶我們去露營的時候也有生火。」小女生想起在營地生火的經驗。

「嗯～露營的時候會在戶外煮菜，沒有瓦斯爐，沒有電，又忘記帶木炭怎麼辦呢？」我給了小孩多一點的連結，這幾個孩子剛好都有露營經驗。

「可以撿乾乾的樹枝生火代替，我們上次去露營就用樹枝生火煮東西吃呢！可是樹枝燃燒得比較快，要撿很多才夠用。」六歲小男生喜歡當爸爸的小幫手，而且觀察很仔細。

「有一種像玩樂高積木疊磚頭的方法，不用燒那麼多木柴，就可以像用瓦斯爐一樣大火炒菜喔！」我說。

「後院有一些斷熱磚，等一下我們來玩疊積木吧！今天不用瓦斯爐煮東西。」想到好玩的點子，說著自己都開心了起來。

斷熱磚是用一種高溫耐火的陶瓷纖維做成的，有質輕、耐火、隔熱特性，在大一些的建材行可買到，拿它來當爐火

疊疊樂最合適了，堆起來的爐子就算裡頭燃著熊熊烈火，不小心摸到也不會燙手。我喜歡在後院準備一些斷熱磚，興之所至就可以和小小孩來個野炊遊戲，除了煮食的趣味外，也可以融入科學小常識。

「堆疊的時候，要注意風從哪個方向吹，放木柴的洞口要讓風吹進去。」我一邊示範解說，一邊讓小小孩體會風吹的方向，「如果堆起來的火爐是要烤肉用的，那就不要堆太高，開口要寬一點；如果是要炒菜用的爐火，大概要疊四層磚，開口要小一些。」

有時和稍大的小孩玩料理遊戲，除了切洗食材之外，用孩子可以理解的連結經驗，加入多一點的烹飪元素，也會十分有趣。 瓦斯爐、電磁爐、烤箱、電鍋、蒸爐之外，野地隨手可得的枯枝、落葉，加上簡單的石塊堆砌，就可以開始特別的一天。

小小孩圍著剛疊好的火箭爐，正在開心體驗戶外烹煮的樂趣，柴火升起的炊煙混合著菜飯香，像極了小時候外婆家大灶飄出的幸福味道，那是一種回到家的溫暖感受。或許未來某一天，當小孩長大離家之後，在異地聞到這樣的味道時，也會記起這曾經美好特別的一天。

旅人的浪漫

清澈的海水輕輕拍打著，天空湛藍幾乎沒有一絲雲朵，希臘北方 Pilion 半島上，沒有遊客的喧鬧聲，沒有文明世界的圍籬，廣闊的天地間，時間和空間似乎都是靜止的，我們隱身在這寧靜的天地間。

原來，少了指針的時間可以這樣美麗。

沒有既定的目地，沒有安排的行程，就在這美如天堂的愛琴海邊恣意地享受美麗浪漫的一天吧。餓了，拿出背包中簡單的食材和一組輕便的露營鍋具，就地取材的將石頭堆砌，拾起岸邊曬成的乾柴，好友很快起了一堆熊熊烈火。

在艷陽高照的岸邊，覓一陰影處，我們煮了一鍋番茄麵、炸好了雞翅，也燜熟了埋在沙地裡的三顆雞蛋。在海裡游泳的法國友人也上岸與我們小酌同樂，這未經策劃的簡單午餐，在風景如畫的海邊，成了旅行中浪漫的點綴。

我的好朋友總是能就地取材，成就旅

行中的小快樂，善用生活小常識，解決我們一向視為麻煩的用餐時間。帶著適量的食材和一個野營鍋，走到哪裡煮到哪裡，旅行的時間不再因為找餐廳而設限，增添了更多自由的樂趣。

好友望著那麼好的陽光惋惜的說：「如果有放大鏡或菲涅耳鏡（Fresnel Lens）多好，太陽光透過放大鏡也可以將紙燃起。」原來，累積夠多的生活小常識，生活隨時都可以變有趣。

我常常和朋友四處旅行，在風光明媚的野地裡用餐，是一種幸福的享受。和小孩一起進行料理遊戲時，我喜歡和小孩分享隨遇而安的觀念，「如果沒有電，要怎麼煮飯？」「如果沒有瓦斯，要怎麼炒菜？」「如果家裡少了食譜裡的某樣材料，可以用什麼代替？」利用工作中的一些小小意外，和小小孩一起想方法解決，讓孩子累積多一些的經驗，增加多一點生活應變能力。

Activity

天上落下的禮物

撿起乾燥落葉與枯枝，今天不用電與瓦斯爐，風吹下的
枯枝就是生火好材料。社區公園走一圈，撿回好多天上
落下的禮物，手腳並用把長長的樹枝折短，準備好了就
要生火。小小孩也想幫忙，撿起地上的乾毬果，弟弟說：
「這是漂亮的玉米毬果。」

(Tip) 撿拾過程可請小孩辨別木柴的
含水量。拿起來乾乾輕輕的才
方便使用，重重濕濕的要放一
段時間，等水分少一些才能用，
否則木柴太濕會產生濃煙。每
一階段的孩子都可以幫忙，大
一點的孩子拉動大枯枝，小小
孩撿拾乾乾的毬果，都是起火
的好材料。

一點前處理，美味加點分

市場買的鮮蝦最適合拿來做蒜味蝦，食材新鮮只要簡單調味就會令人吮指留香，戶外的爐火大小掌握要有大人留意著，做出來料理會有一點木頭的薰香味，和瓦斯爐火煮出的風味大大的不同呢！

Tip 如果烹調前把蝦殼去掉，吃的時候就不會沾得滿手醬汁。蝦殼先剝後剝都是手眼協調很好的練習。保留完整的頭部與尾部，烹調好的成品較美觀，也吃得到蝦頭的鮮美。

二歲和二歲前的合作無間

二歲小小孩指導未滿二歲的小孩，二人合力把高麗菜都撕成小片，小小孩喜歡用嘴去體驗不同的味道，撕菜過程中不時的會把高麗菜塞進嘴裡品嘗一番。

Tip 有撕菜經驗的二歲小女生，看到一盆青菜出現便動手撕了起來，第一次參與的弟弟觀察了一陣才開始加入。「撕」這個動作，對二歲的小孩來說百玩不厭，很快就完成了。

準備一鍋好湯

香茅、薑黃、月桂葉,再加上一點點的辣椒、一個切成小塊的
洋蔥、幾條牛筋條隨意切成塊,戶外的料理就是要豪邁奔放。

Tip 也可以先炒香洋蔥,放入去血水的牛肋條,略炒成金黃上色。炒過的
牛肉會比較定型,直接煮的牛肉湯較清透些。

堆疊院子裡的大積木　用斷熱磚堆疊火爐必須先確認風向，放木柴的洞口要讓風吹得進去，而開口大小和堆疊高度則看用途來決定。都市裡生活的人比較無法隨時享受野炊樂趣，那麼有機會露營時不妨跟著孩子一起玩野炊。

Tip　起火時要從小木片開始，乾燥的落葉也是很好的起火材料，等火燃起後可加入乾毬果，待火焰穩定才放入較大的樹枝燃燒。

輪流上場的小小廚師

放上一個鍋爐架，小小火箭爐快炒店就可以開張了！
先把湯煮好，接著快炒胡椒蝦與高麗菜。大家都好想
試試，那就輪流上場，炒好的菜，廚師要先試味道。

> **Tip** 斷熱磚堆疊出的爐子，爐身因為斷熱特殊材質，所
> 以就算不小心摸到也不會燙，小小孩想要試炒看看
> 也很安全。

廚房裡的遊戲

- ☐ 撿拾乾柴，分辨易燃與不易燃
- ☐ 剝除蝦殼，保持完整頭尾，練習手
  指靈活度
- ☐ 與更小的孩子一起工作分享經驗
- ☐ 堆疊練習，分析爐火大小與爐枱高
  度、寬度的關連性
- ☐ 辨別風向與調整進出風口

Memo ｜ 今日任務

蒜香胡椒蝦

櫻花蝦高麗菜

香茅洋蔥牛肉清湯

蒜香胡椒蝦

草蝦 300 克（約 8 隻）
蒜頭 7 瓣
胡椒粉 2 大匙
鹽 1 大匙

1、草蝦洗淨，剝去外殼（保留頭尾並維持蝦身完整），瀝乾水分；蒜頭去皮剁碎。
2、炒鍋加少許油燒熱，先放鹽巴，再將蒜末入鍋，中火炒至金黃盛起。
3、放入去殼草蝦，煎至雙面略微焦紅，起鍋裝盤，撒上炒香的蒜末即可。

【Point】
蒜瓣煎得金黃，帶點微焦香，非常下飯。喜歡吃辣的人可以剁點辣椒加進去，或把胡椒粉分量再多放些。有時也可以單獨炒香蒜瓣、胡椒粉、鹽，撒在熱騰騰的飯上，酥脆的口感令人開胃。

櫻花蝦高麗菜

櫻花蝦 2 大匙
高麗菜 1/4 個
蔥段少許
鹽 1 小匙

1、高麗菜洗淨，剝小片（或切條）。
2、炒鍋加 2 大匙油燒熱，放入蔥段、鹽和櫻花蝦炒
　　出香氣，下高麗菜炒至葉片軟化即可。

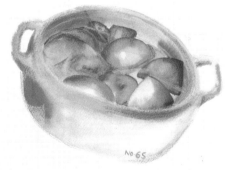

香茅洋蔥牛肉清湯

洋蔥 1 個
香茅 5 根
薑黃 1 小塊
月桂葉 7～8 片
辣椒 2 支
番茄 2 個
牛肋條 600 克
鹽 1 大匙

1、洋蔥剝去乾硬外皮，切細絲備用。
2、香茅微拍碎，薑黃切片，番茄切小塊。
3、牛肋條切小塊，汆燙去血水，撈出備用。
4、所有材料放入鍋中，加水至淹過材料，煮滾後改小
　　火燜 40 分鐘。

Column

野地裡的自然生活體驗營

　　撿拾枯枝當柴，堆疊石頭起灶，原始的埋鍋造飯是現代大多數人沒有過的經歷。

　　小小孩對於可操作的事情向來興趣濃厚，那天在後院開張的火箭爐快炒店，大小孩子都玩得開心極了！原來沒有瓦斯爐與電烤箱，也可以變出一桌美味佳餚。

　　生活在便利的都市裡的人，瓦斯、水電家家到位，住在層層疊疊的高樓裡，緊密的生活空間不允許有生火的機會，若想體驗野炊的樂趣，不妨帶小孩去牧場烤肉或營地露營。

　　剛開始還不是很熟悉，可以在設備較完善的營位和孩子一起搭設帳篷，準備簡單的輕食野餐，再慢慢試著就地取材，利用天然的素材生火，試驗哪種方式最省能源，尋找野地裡的野菜做料理，嘗試不同風味的烹調方式，親子一起共創野地裡熱情如火的特別一天。

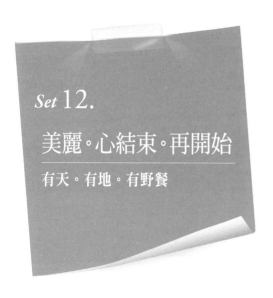

Set *12.*

美麗。心結束。再開始
有天。有地。有野餐

坐在可以望著愛琴海的旅店小陽台，遠方有一艘回港小漁船正在噗噗的前進，從吃早餐起我就一直偷偷觀察，到底要多久才會到岸。

這希臘的海也太奇怪了，當天空無雲時它幾乎是靜止不動的，沒有波濤的海面讓人有時空凝結的錯亂感，我想應該是這個理由，才讓會動的小漁船在這畫面中顯得這麼醒目。

旅行時，我喜歡住在有小陽台的公寓，從容地在小廚房裡準備好早餐，在小小的陽台桌鋪上餐墊，擺上簡單的餐

盤——從小旅店廚房買回的剛出爐大麵包，散發著迷人的香氣，喚醒了味蕾，搭配市集商店買回在地食材變出的地中海風味炒蛋——就著晨光享受這陽台上的小野餐。

這一方小小角落，由外到內，像貫穿的河與海，天地早已融為一體，飄在空氣中的咖啡香，混著海風輕送的香草味，真的不需太多佳餚，也能令人心滿意足了。

很多人都嚮往在大片綠草地鋪地墊露天席地而坐的用餐方式，旁邊擺上斜插著二棍法國麵包的四方形藤籃，還有在家就準備好的一盒盒輕食，那樣的照片散發著一種讓人羨慕的慵懶氛圍，讓許多人趨之若鶩的風行。

「到底什麼是野餐？為什麼很多人喜歡野餐？在家吃飯不好嗎？」我好奇的問朋友。

「有天、有地、有風、有景，我超級愛野餐的。」朋友毫不遲疑的回答。「我還記得二十年前第一次野餐的情景呢！那次因為買到了一塊美麗的地墊，上面印著我和姐姐非常喜歡的大玫瑰花，那花朵鋪在綠色草地上真是浪漫極了。

「我們躺在鋪著玫瑰花地墊的大草地上，看著天空的雲朵變化，野地裡特有的青草香隨著微風飄蕩在空氣中，還有不時傳來的蟲鳴鳥叫，在那個時刻覺得和天地很近，沒有空間的拘束，心是自由的。

「野餐時我喜歡準備真實的餐盤，平時在家裡用的餐具擺在草地上，像家的延伸，那種用餐空曠的感覺真讓人回味無窮。我想，野餐吸引我的應該就是一種與天地很親近的感覺。」朋友認真回溯自己會喜歡野餐的原因。

「我好像沒有什麼野餐經驗吔，那種在大草坪上鋪著地墊，吃著藤籃裡輕食的悠閒，嗯～好像很少。」我也認真回想著。

「哎呀！怎麼沒有，真是身在福中不知福，妳每天都在野餐啊，那麼大片的落地玻璃門窗，一抬頭就看見正在飄動的雲，餐廳外有那麼多大樹，黃頭鷺有時會飛進來停在大木桌上，偶爾台灣藍鵲全家還會棲息在外頭的大樹梢，木頭平枱上的大水缸裡總有青蛙鳴叫，那種愜意不是容易有的啦！」朋友抗議的說道。

是啊，如果把野餐的定義拉大些，有天、有地就是野餐，那麼我的生活真是日日都是野餐日呢！

記得夕陽正好的某天，大夥興致一來，臨時決定來場戶外烤肉餐會，架起從資源回收場撿回的鐵製桌腳，放上被廚師淘汰的大炒鍋，燃起裁下不用的漂流檜木。當一切食材準備妥當時，與好友們舉起酒杯互祝安好，在皎潔明月照映的夜空下與知心好友暢飲，享受月光下的簡單幸福，那種心靈昇華後與自然融合一起的醇醇沉醉，最令人心動。

小小孩的野餐

小小孩說想要幫忙做點心，小小的點心要插上美麗的水果小叉，然後要和同學一起野餐。

「我會幫忙做餅乾，用壓模壓出小花，上次我有做過。」二歲小女生躍躍欲試的說著。

小小孩專注地在擀平的餅乾麵糰上壓出一朵朵小花，被壓模裁下的小花會卡在模具邊上，需要用手推出才會掉下來。小小孩試過幾種方法，先用左手把餅乾小花推出，一開始小花很順利的掉下，過一會兒麵糰因為手溫融化油脂變軟，左手一推就散開了。

「我的花怎麼都壞了。」二歲小女生沮喪的說。

「那換個方法，用倒的試試看。」我示範了另一種方法，把壓出的餅乾輕輕甩在烤盤上。換了方法後，果然順利的把花都壓完了。

帶著二歲小孩玩料理，只要沒有安全顧慮的工作，我都盡量讓孩子去體驗。

「有人想幫忙把這缸麵糰搬到客廳嗎？」打完麵糰的同時我問大家。

「要一起搬才可以，我一個人搬不動。」二歲小女生發號施令的說。

三個小人六隻小手，像小螞蟻般把十二公升的攪拌缸成功移動到客廳，過

程中遇到一些分心的小插曲。經過轉角時，小女生被飛進來的蝴蝶吸引而鬆開手，剩下二個小小孩可就真搬不動了。

「哦！太重了，搬不動了。」二歲小男生發出求救的訊息。

「來！快去幫忙，要三個人一起才行。」我適時提醒脫隊的小女孩。

在料理工作中，也可以培養小小孩的團隊精神，說好一起完成的事，就要努力的做到。二歲小孩經過適度的提醒，一樣可以做得很好。

下著毛毛雨的後院露台，三個小小孩正在享受自己的成品，吹著涼涼的風，開心的吃了起來。自己動手做的每樣都好吃，看著小孩滿足的神情，想起了小時候，每當夏日天氣好的傍晚，媽媽總是讓我們在院子吃晚餐，那樣的情景依悉記得，是種幸福美好的感覺。我想，有天、有地、有好友、有家人，就是天底下最美味的一餐。

麵粉掉下來會像下雨一樣

二歲的小孩很喜歡幫忙，讓小孩試著幫麵粉過篩，一個舀麵粉，另一個過篩。面對新的工具，小小孩會先研究，麵粉到底從哪裡出來？哦～原來把手上有機關，用手壓一壓，麵粉就會從杯子下面掉下來，嘩啦啦的好像下雨了。

Tip 把做麵包的工作拆解，二歲的小孩可以幫忙過篩、混合、拌勻，在遊戲中體會不同材料的觸感。

合作。交換。幫忙

二歲小孩合力把麵粉過篩，
有時也想試試別人手上的工
具，那就交換吧！在工作中
練習分享與合作，材料都放
好了就可以攪拌，「呵呵，
麵粉變成一大球了！」

Tip 只有一份工具時，就教
小孩分享、輪流與交換，
大家都有機會試一試。
從篩子落下的麵粉，讓
二歲小小孩連結到有趣
的下雨天。

只要小心。機器會是好幫手

用手揉出麵包好味道，但有時也可以讓機器幫幫忙。只要小心操作，機器會是好幫手。啟動、暫停、摸摸看，二歲的孩子也想試試。小小孩說：「機器不要亂動，我用手壓住，它就不動了。」

Tip 讓小小孩觀察機器攪拌的過程，大人一定要在旁陪同。小小孩喜歡控制開關，利用機器上的計時裝置，讓小孩認識數字的形狀。

三個人一起，就會變成大力士

「可以幫忙嗎？」是個開關，打好的麵糰要搬到
客廳窗戶旁。二歲小孩回答説：「我可以幫忙！」
就這樣，三個小小孩一起，就會變成大力士。

Tip 有時給小小孩一點點挑戰，有點重量的攪拌缸，
也讓小小孩搬搬看。要幾個人才搬得動？給孩子
一點討論的空間，大家決定了就可以試試看。

壓出美麗的花朵小餅乾

拆開袋子的餅乾麵糰有香香的味道，麵糰要用壓模壓出小花朵。不到二歲的
弟弟也想幫忙，要像姐姐一樣變出漂亮小餅乾，小小孩間也會有教與學，大
一點的姐姐壓出小花朵，開心的告訴弟弟方法。

Tip 只要孩子有興趣，就是開啟廚房遊戲的好時機，不到二歲的小小孩也可以操
作餅乾壓模。學習在孩子有興趣的時候就可以開始。過程中，回溫的餅乾麵
糰會黏在模具上，小女孩照我的示範，用點力氣甩一甩，餅乾小花就成功掉
下來了。

小孩總會自得其樂

廚房工作的空檔,小孩總會自得其樂,玩玩桌上的小工具,
幫忙清理地上不小心撒出的麵粉,只要開心,做什麼都有趣。

汆燙 青花菜與玉米筍放入熱水中汆燙，為培
根捲的材料做準備，水滾後就可以轉小
火，沒有油會濺出的小鍋子，連弟弟也
想要試試看。

翻滾培根捲 平底鍋中排入培根捲，用小小火練習煎，
握對手把位置，就不會燙手。

Tip 教小小孩觀察培根捲的顏
色變化，等到培根變成有
點焦紅色就可以擺盤了。

小餅乾的鮪魚醬 簡單的拌合，小小孩都可以勝任愉快。鮪魚罐頭加上檸檬汁與千島醬，就變成香香的鮪魚沙拉醬。

準備與等待

把桌子搬到院子裡，鋪上餐巾準備野餐囉！坐在小椅子上
等待自己準備的小點心，不同的戶外用餐氛圍，讓小孩體
驗不同重量的小杯組。

Tip 讓小小孩試用小小的咖啡杯組，多了小盤子的小杯組有點
重量，小小孩拿起時手指需要用一點力氣，可以練習運用
手部不同的肌力。

Tip 小小孩一下午又煎、又拌，還幫忙搬了有點重量的缸子，
勞動後胃口大開，小小野餐桌上準備的東西都覺得好好
吃。有些偏食的小孩，可讓他參與製作食物，多了參與感，
有時會讓小孩更樂意嘗試新食材呢！

品嘗全自動 忙了一下午的小小孩開心的享受自己做的點心，自己動手做的餐點看起來總是特別好吃，配上可愛的小叉更有加分作用。小小孩野餐全自動，一點都不需要大人幫忙。

收拾 小小孩也要學會收拾，幫忙把野餐的餐盤收進屋裡。
有時在院子辦個小野餐，讓生活多一點可愛的美麗時
刻。

Tip 讓小小孩習慣餐後的收拾。對小小孩來說，全程參與食物的
製作、烹調、品嘗與收拾是很重要的經驗，在廚房裡學的不
是只有遊戲有趣的部分，責任感的培養也是很重要的環節。

廚房裡的遊戲

☐ 幫忙篩麵粉，用挖勺將麵粉倒入篩粉
器，再用手壓放握把讓麵粉落下
☐ 將粉狀材料倒入大缸混合，加入牛奶、
蛋等濕性材料攪拌，體會黏稠感
☐ 了解使用機器的安全注意事項
☐ 挑戰搬運工作，練習團隊完成一件事
☐ 使用壓模壓出餅乾造型，並依麵糰溫
度改變工具使用方式
☐ 讓小小孩跟著一起試試汆燙練習
☐ 學習從外觀判斷幫培根捲翻身時機
☐ 練習使用有點重量的野餐杯組
☐ 取用餐點，和好朋友分享美食
☐ 餐後收拾，協助將餐盤收到屋內

Memo ｜ 今日任務

手作薰衣草小餅乾

雞蛋牛奶小餐包

玉米筍培根捲

檸檬鮪魚沙拉醬

手作薰衣草小餅乾（約 30 片）

低筋麵粉 200 克
薰衣草 3 克
蛋 1 個
無鹽奶油 140 克
糖粉 80 克

1、將奶油放置室溫軟化；薰衣草以熱水泡開，瀝去水分；蛋打散，低筋麵粉過篩備用。

2、全部材料拌勻至看不到粉粒，裝入塑膠袋用手壓平，放進冷凍庫約 30 分鐘。

3、取出麵糰，用壓模壓成小花形狀排入烤盤，全部完成後，放入預熱 180℃的烤箱烤 20 分至上色，取出放涼即可。

雞蛋牛奶小餐包

高筋麵粉 540 克
白糖 70 克
酵母 7 克
鹽 7 克
蛋 2 個
牛奶 540 克
無鹽奶油 70 克

1、將奶油以外的所有材料拌勻成糰。
2、再加入奶油，揉至麵筋擴展階段，置於室溫發酵 1 小時。
3、發酵完成後，將麵糰分成小糰（約 30 克），滾圓再發酵 40 分鐘，放入預熱 180℃ 的烤箱烤 20 分鐘即成。

玉米筍培根捲

玉米筍 1 盒
青花菜 12 小朵
培根 1 包
牙籤數根
胡椒粉少許

1、玉米筍對切、青花菜洗淨氽燙，撈出瀝乾備用。
2、培根取出鋪平，一端放入青花菜、玉米筍後捲起，用牙籤固定住。
3、燒熱平底鍋，將培根捲入鍋煎至兩面金黃，取出擺盤，抽掉牙籤，撒上胡椒粉即可。

【Point】做好的培根捲對切成 2 小捲，插上有顏色的塑膠水果小叉，看起來會更精緻。

檸檬鮪魚沙拉醬

鮪魚罐 1 個
檸檬半顆
千島沙拉醬 50 克

1、打開鮪魚罐，瀝去水分；檸檬擠汁，檸檬外皮（只取表面綠色部分）切成末。
2、將所有材料拌勻就完成了。

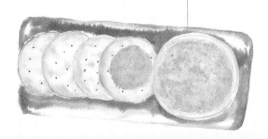

【Point】調好的鮪魚醬可以塗抹在蘇打餅乾、吐司麵包，做成野餐三明治，或捲成小小壽司也非常美味。

後記。 *Special Thanks!*

午後，室內灑進一片微橙金黃的陽光，在夏蟬鳴聲中，我盯著電腦螢幕上編輯剛傳來的校稿，兒子彈著吉他練習曲。每當兒子彈奏完一曲，我會用力鼓掌，二十歲的兒子靦腆的說：「我彈的應該沒有那麼好，但我記得小時候好像很少得到這樣的稱讚，媽媽，妳是跟誰學的？」

跟誰學的？我想，應是這些年來，在我生活周遭的一種氛圍、一種態度。

想想自己年輕時急躁的個性，好像真的很少正向鼓舞孩子，總焦急的想完成眼前的事情，想馬上就看到成效，無法等待小孩探索的時間，隨手就把孩子該學做的事處理完了。這樣的結果，不但大人疲累不堪，親子關係也變得劍拔弩張，家庭氣氛當然也無法和樂融融。

這些年，在學校觀察老師對待小小孩的寬容與適時的放手，讓我從欣賞、讚嘆到身體力行，學會了用不同的角度去看孩子的表現。用對的方式對待孩子，對我來說，雖然晚了十多年才開始，然而我幾乎以為自己錯過的，今天從兒子靦腆開心的笑容裡，我看見了「為時不晚」。

以為錯過了的事，在願意開始時，就是一個新的起點。如果你也和我一樣，建議不妨從現在起，試著改變和孩子相處的方式！

在決定寫下這一本關於小小孩廚房的工作記錄後，從未滿二歲的市場採買開始，到以小小孩動手準備野餐點心做結尾，長達半年的拍攝籌劃時間裡，我一直在摸索思考著，要用什麼方式來呈現孩子與食物的教與學？這本書最後想表達與呈現的是：真實生活裡的親子廚房

實境是每天可以發生在你我家裡的。

　　小小孩工作時的專注與創意，在每一次按下相機快門的瞬間，那幸福的一刻都被忠實記錄下來。照片中沒有安排好的表情變化、沒有刻意的動作，在挑選過程中，每一張照片都令我難以抉擇、無法捨棄。

　　最後，這一本書的完成，我想感謝協助攝影的芳蓉、怡萱，還有書中的小助爸爸，沒有這三位的鼎力相助，我將錯失很多小小孩工作時的精彩片段。另外，在我遇到瓶頸時總會鞭策與鼓舞我的好友偉馨，和一直辛苦幫我為這本書聚焦的商周夥伴靖卉、淑華、娛茜，以及將成品變成美麗插畫的凱因。沒有大家，這本書不會進行得如此順利。

　　還有所有來到漂亮廚房的小小廚師，萱萱、敦敦、小蛙、牧琪、楷棋、雅心、仲成、思穎、余閔、可庭、紹謙、少芸、敬雯、韋晴及客串的韋翰、東君、承欣。這些每次工作結束都期待下一次要再來煮菜的小小孩們，給了我堅持下去的正向力量，並在一起探索時為我帶來源源不絕的新體悟與靈感。在幾次拍攝過程中，孩子們給我的驚喜，遠遠超過我所給他們的教與學。

　　那天，二歲的萱萱說：「今天我還要去漂漂媽咪家煮菜，還有敦敦也要一起去！」聽到她堅定的語氣，很開心小廚師的美妙經驗已經開始在她心中發酵。我相信，在這過程中曾經經歷的所有，都在小小孩心裡埋下了一顆『預約。幸福溫度』的種子，在他們未來的人生中，一定能擁有幸福的溫度。

國家圖書館出版品預行編目資料

預約。幸福溫度(修訂版)：小小孩的12堂生活廚房
課／曾雅盈著. -- 初版. -- 臺北市：商周出版：家庭
傳媒城邦分公司發行, 2014. 07
　面；　公分. -- (商周教育館；43)
ISBN 978-986-272-620-4(平裝)

1.育兒 2.親職教育 3.飲食

428.8　　　　　　　　　　　　　　　103012399

商周教育館 43

預約。 幸福溫度(修訂版)：小小孩的12堂生活廚房課

作　　　者／曾雅盈
攝　　　影／鄭芳蓉、吳怡萱、羅元助
插　　　畫／張凱因
企畫選書／黃靖卉
責任編輯／林淑華

版　　　權／黃淑敏、吳亭儀、邱珮芸
行銷業務／周佑潔、黃崇華、張媖茜
總　編　輯／黃靖卉
總　經　理／彭之琬
事業群總經理／黃淑貞
發　行　人／何飛鵬
法律顧問／元禾法律事務所王子文律師
出　　　版／商周出版
　　　　　　台北市104民生東路二段141號9樓
　　　　　　電話：(02) 25007008　傳真：(02)25007759
　　　　　　E-mail：bwp.service@cite.com.tw
發　　　行／英屬蓋曼群島商家庭傳媒股份有限公司城邦分公司
　　　　　　台北市中山區民生東路二段141號2樓
　　　　　　書虫客服服務專線：02-25007718；25007719
　　　　　　服務時間：週一至週五上午09:30-12:00；下午13:30-17:00
　　　　　　24小時傳真專線：02-25001990；25001991
　　　　　　劃撥帳號：19863813；戶名：書虫股份有限公司
　　　　　　讀者服務信箱：service@readingclub.com.tw
　　　　　　城邦讀書花園 www.cite.com.tw
香港發行所／城邦（香港）出版集團
　　　　　　香港灣仔駱克道193號東超商業中心1樓_ E-mail：hkcite@biznetvigator.com
　　　　　　電話：(852) 25086231　傳真：(852) 25789337
馬新發行所／城邦（馬新）出版集團【Cite (M) Sdn Bhd】
　　　　　　41, Jalan Radin Anum, Bandar Baru Sri Petaling, 57000 Kuala Lumpur, Malaysia.
　　　　　　電話：(603) 90578822　傳真：(603) 90576622

封面設計／徐璽設計工作室
版面設計／林曉涵
內頁排版／林曉涵
印　　　刷／中原造像股份有限公司
經　銷　商／聯合發行股份有限公司
　　　　　　新北市231新店區寶橋路235巷6弄6號2樓 電話：(02) 29178022　傳真：(02) 29110053

■2020年11月05日二版1刷　　　　　　　　　　　　Printed in Taiwan
定價380元

城邦讀書花園
www.cite.com.tw

商周出版

讀者回函卡

感謝您購買我們出版的書籍!請費心填寫此回函卡,我們將不定期寄上城邦集團最新的出版訊息。

不定期好禮相贈!
立即加入:商周出版
Facebook 粉絲團

姓名:＿＿＿＿＿＿＿＿＿＿＿＿＿＿＿＿＿ 性別:□男 □女

生日:西元＿＿＿＿＿＿年＿＿＿＿＿＿月＿＿＿＿＿＿日

地址:＿＿＿＿＿＿＿＿＿＿＿＿＿＿＿＿＿＿＿＿＿＿＿

聯絡電話:＿＿＿＿＿＿＿＿＿＿ 傳真:＿＿＿＿＿＿＿＿＿

E-mail:

學歷:□ 1. 小學 □ 2. 國中 □ 3. 高中 □ 4. 大學 □ 5. 研究所以上

職業:□ 1. 學生 □ 2. 軍公教 □ 3. 服務 □ 4. 金融 □ 5. 製造 □ 6. 資訊

□ 7. 傳播 □ 8. 自由業 □ 9. 農漁牧 □ 10. 家管 □ 11. 退休

□ 12. 其他＿＿＿＿＿＿＿＿＿＿＿＿＿＿＿＿＿＿

您從何種方式得知本書消息?

□ 1. 書店 □ 2. 網路 □ 3. 報紙 □ 4. 雜誌 □ 5. 廣播 □ 6. 電視

□ 7. 親友推薦 □ 8. 其他＿＿＿＿＿＿＿＿＿＿＿＿

您通常以何種方式購書?

□ 1. 書店 □ 2. 網路 □ 3. 傳真訂購 □ 4. 郵局劃撥 □ 5. 其他＿＿＿＿

您喜歡閱讀那些類別的書籍?

□ 1. 財經商業 □ 2. 自然科學 □ 3. 歷史 □ 4. 法律 □ 5. 文學

□ 6. 休閒旅遊 □ 7. 小說 □ 8. 人物傳記 □ 9. 生活、勵志 □ 10. 其他

對我們的建議:＿＿＿＿＿＿＿＿＿＿＿＿＿＿＿＿＿＿＿＿

＿＿＿＿＿＿＿＿＿＿＿＿＿＿＿＿＿＿＿＿＿＿＿＿＿＿

＿＿＿＿＿＿＿＿＿＿＿＿＿＿＿＿＿＿＿＿＿＿＿＿＿＿